油气资源评价数据库
构建、管理及应用

谢红兵　陈晓林　易　庆　　著
马　忠　郭秋麟　陈宁生

石 油 工 业 出 版 社

内 容 提 要

本书是中国石油第四次油气资源评价项目的研究成果。阐述了油气资源评价数据库的基本概念、主流技术进展以及相关数据库系统研发和建设现状；介绍了油气资源评价数据库系统的设计思路、技术方案和架构体系及其软件平台与功能并进行了应用示例。

本书可供石油地质科研人员和石油地质院校师生参考使用。

图书在版编目（CIP）数据

油气资源评价数据库构建、管理及应用／谢红兵等著 . —— 北京：石油工业出版社，2017.9

ISBN 978-7-5183-1863-6

Ⅰ . ①油… Ⅱ . ①谢… Ⅲ.①油气资源评价-数据库系统-研究 Ⅳ.①TE155

中国版本图书馆 CIP 数据核字（2017）第 075711 号

出版发行：石油工业出版社

（北京安定门外安华里 2 区 1 号　100011）

网　　址：www. petropub. com

编辑部：（010）64523544

图书营销中心：（010）64523633

经　　销：全国新华书店

印　　刷：北京中石油彩色印刷有限责任公司

2017 年 9 月第 1 版　2017 年 9 月第 1 次印刷

889×1194 毫米　开本：1/16　印张：10.75

字数：220 千字

定价：88.00 元

（如发现印装质量问题，我社图书营销中心负责调换）

前　　言

　　油气资源评价数据库是各国政府部门开展大数据研究，制定油气战略的基础，也是各油公司开展动态资源评价，制定油气勘探开发规划部署的重要资源。构建基于先进的计算机和网络技术的油气资源评价数据库，科学管理数据资源，对提高数据利用率、减少重复工作和科研成本、高效开展资源评价具有重要意义。

　　目前国内外定期或不定期组织的油气资源评价工作大多由通用的油气勘探开发数据库或专门的油气资源评价数据库作为支撑。过去几十年，美国等西方国家组织开展过多轮次的全国性油气资源评价。中国油气资源评价工作起步比西方国家晚，大规模开展油气资源评价工作始于 20 世纪 80 年代初。在"六五"期间，石油工业部和地质矿产部各自组织专家开展了第一次全国油气资源评价。之后，分别于 20 世纪 90 年代初和 21 世纪初开展过第二次和第三次全国油气资源评价，积累了一定的数据。随后，国土资源部组织了新一轮全国油气资源评价，数据库建设得到了重视。目前，中国石油已完成全球第一次和国内第四次油气资源评价，数据库、信息库建设已列为重要研究任务。

　　随着油气资源评价工作的深入，新的数据类型——非常规油气资源评价数据的出现，使油气资源评价专有数据越来越丰富，基础数据越来越充实。因此，构建我国油气资源评价专有数据库就显得非常必要，科学管理数据库，有效利用数据资源已成为油气资源评价的头等任务。

　　笔者有幸参与过第三次和全国新一轮两次重要的全国油气资源评价，积累了一定的工作经验；并负责中国石油第四次油气资源评价的数据库研究工作，了解近年最新发展现状和研究成果。为了能够对今后的油气资源动态评价提供参考，在研究团队的共同努力下，完成了本书的编写。本书包含以下内容：

　　（1）数据库基本概念、主流技术进展，油气资源评价相关数据库系统研发和建设现状；

　　（2）油气资源评价工作对数据库的基本技术要求、数据库的建设目标和主要功能需求；

　　（3）油气资源评价相关数据、图形标准体系；

　　（4）油气资源评价数据库系统的设计思路、原则、技术选型；

　　（5）油气资源评价数据库的数据模型与结构设计；

（6）图形库结构设计、对象设计与技术方案；

（7）系统架构体系、功能设计；

（8）油气资源评价数据库软件平台与功能介绍；

（9）油气资源评价数据库资源建设与应用示例。

参与本书研究和编写工作的人员有中国石油勘探开发研究院的谢红兵高级工程师、郭秋麟教授、陈宁生高级工程师、易庆高级工程师、马忠工程师，以及中国石油大学（北京）的陈晓林、孟燕龙、孙杰等数据库技术专家。本书第一章由谢红兵、陈晓林编写；第二章、第五章由陈晓林编写；第三章、第四章由谢红兵编写；第六章由陈晓林、易庆、马忠编写；第七章由马忠、陈宁生编写；第八章由谢红兵、易庆、郭秋麟编写。全书由谢红兵、郭秋麟和陈宁生统稿。本书在编写过程中得到中国石油勘探开发研究院油气资源规划研究所、中国石油第四次油气资源评价项目组及中国石油大学（北京）的支持，吴晓智高级工程师、郑民高级工程师、郑曼高级工程师、陈晓明工程师、高日丽工程师、胡俊文工程师、王伟洪教授等均给予了无私帮助，笔者在此表示衷心的感谢。

需要特别说明的是，笔者在中国石油大学（北京）博士后科研工作期间完成本书编写工作，博士后工作站的老师、同事对我的学习和工作给予无私的帮助，在此一并表示感谢。

由于笔者水平有限，书中不足与不妥之处，敬请读者指正。

目　　录

第一章　绪　　论

　　本章简要介绍数据库基本概念、主流技术进展、油气资源评价相关数据库系统研发和建设现状，重点描述了国内资源评价工作中已研发的数据库平台和已建设的数据库。同时，指出了油气资源评价工作对数据库的基本技术要求、数据库的建设目标和主要功能需求。

第一节　国内外油气资源评价相关数据库研究现状

一、国内外数据库技术现状

1. 数据库发展概述

　　数据库的概念首次出现于 20 世纪 60 年代，其后，数据库的发展经历了以下三个阶段。

　　1）层次数据库

　　1969 年 IBM 公司研制了基于层次模型数据库管理系统（IMS, Information Management System），并作为商品化软件投入市场。IMS 作为层次型数据库管理系统的代表，标志着数据库及相关技术的诞生，具有重要意义。在数据库系统出现以前，各个应用拥有自己的专用数据，通常存放在专用文件中，这些数据与其他文件中的数据有大量重复。数据库的重要贡献就是将应用系统中的所有数据独立于各个应用而由数据库管理信息系统（DBMS）统一管理，实现了数据资源的整体管理。IMS 的推出，使得数据库概念得到了普及，也使人们认识到数据的价值和统一管理的必要性。

　　2）网状数据库

　　20 世纪 70 年代初，网状数据模型替代层次数据模型。由于 IMS 是将数据组织成层次的形式来管理，有很大的局限性。为了克服这种局限性，美国数据系统语言协会（CODASYL, Conference on Data System Language）下属的数据库任务组（DBTG, Data

Base Task Group）对数据库的方法和技术进行了系统研究，并提出了著名的 DBTG 报告。该报告确定并建立了数据库系统的许多基本概念、方法和技术，报告成为网状数据模型的典型技术代表，它奠定了数据库发展的基础，并有着深远的影响。网状模型是基于图来组织数据的，对数据的访问和操作需要遍历数据链来完成。但是这种有效的实现方式对系统使用者提出了很高的要求，因此阻碍了系统的推广应用。

3）关系数据库

1970 年 IBM 公司的 E. F. Codd 发表了著名的基于关系模型的数据库技术论文《大型共享数据库数据的关系模型》，并获得 1981 年 ACM（Association for Computing Machinery，美国计算机协会）图灵奖，标志着关系型数据库模型的诞生。由于关系模型的简单易理解及其所具有的坚实理论基础，整个 20 世纪 70 年代和 80 年代的前半期，数据库界集中围绕关系数据库（DBMS）进行了大量的研究和开发工作，对关系数据库概念的实用化投入了大量的精力。

关系模型提出后，由于其突出的优点，迅速被商用数据库系统所采用。据统计，20 世纪 70 年代以来新发展的 DBMS 产品中，近 90% 是采用关系数据模型，其中涌现了许多性能良好的商品化关系数据库管理信息系统（RDBMS），如 Oracle，DB2，Sybase，Informix，SQL Server 等。

传统的数据库技术（层次、网状、关系）在管理结构简单、格式化、较稳定的数据中，已取得了很大的成功，其技术也日趋成熟。然而，随着现代应用的激增，传统的数据库技术已很难满足各方面的复杂需求，数据库技术与网络技术、人工智能技术、面向对象设计技术、并行计算技术、多媒体技术等结合，已成为当前数据库技术发展的主要特征，并由此产生了许多面向现代应用的新型数据库，如实时数据库、面向对象数据库、主动数据库、并行数据库、移动数据库、空间数据库等。

2. 数据库的研究现状

1）数据库模型的研究

数据库模型的研究在数据库理论研究中占据重要地位。自 20 世纪 80 年代以来，关系系统逐渐代替网状系统和层次系统而占领了市场。由于关系模型具有严格的数学基础，概念清晰简单，非过程化程度高，数据独立性强，对数据库的理论和实践产生了很大的影响，成为最为流行的数据库模型，在很多应用领域发挥着巨大的作用。

但是，关系模型不能用一张表模型表示出复杂对象的语义，它不擅长于数据类型较多、较复杂的领域。随着科学技术的进步和数据技术的发展，数据库应用领域不断扩大，已从传统的商务数据处理扩展到许多新的应用领域，从而对数据库技术提出了许多新的要求。在这种情形下，数据库技术以及关系数据库技术如何发展就成为数据库界所关注的最大热点。

与此同时，面向对象中的封装、继承、对象标识等概念备受人们的重视，用对象可以自然、直观地表达工程领域的复杂结构对象，用封装操作可以增强数据处理能力。这样，人们开始尝试以面向对象概念为基本出发点来研究和建立数据库系统，导致了在数据库系统中全面引入对象概念的面向对象数据库（OODB）的产生。

面向对象数据库的定义如下：面向对象数据库＝面向对象＋数据库功能。

面向对象的数据模型标准正在拟订中，1989年在东京举行的第一次关于推理和面向对象数据库的国际会议上发表了一篇《面向对象数据库的声明》，第一次定义了面向对象数据库管理系统所应实现的功能如下：（1）支持复杂对象；（2）支持对象标识；（3）允许对象封装；（4）支持类型或类；（5）支持继承；（6）避免过早绑定；（7）计算性完整；（8）可扩充；（9）能记住数据位置；（10）能管理非常大型的数据库；（11）接收并发用户；（12）能从软硬件失效中恢复；（13）用简单的方法支持数据查询。前8条是OODB的主要特征，后5条是传统DBMS的主要特征。

面向对象数据库技术还不够成熟。由于它是一种新方法，缺少具有坚实理论基础的通用数据模型，而且对开发人员素质要求比较高，所以成功实例也较少。现在，面向对象数据库已经受到挑战，对手是一种经过扩展的关系数据库模型，它支持大多数OODB所支持的功能，而谁将占领市场只能由时间来判断了。由于关系数据库在大多数信息开发组中仍占有主导地位，因此它应该在同OODB的竞争中处于有利地位。

2）数据库标准的研究

数据库语言（SQL，Structured Query Language）是数据库与应用的重要接口，是操作数据库的重要工具，它的研究与标准化对数据库软件产品技术的发展和数据库的应用具有很大的推动作用。早在20世纪80年代中期，Oracle和Sybase公司就发布了第一个基于DOS平台的以SQL为查询引擎的商品化关系型数据库管理系统，而Microsoft公司则迅速地以SQL技术作为其数据库产品SQL Server的基石。由于该类型产品功能强大，简单易用，不仅支持客户端，而且支持局域网主机数据库开发，具有极大的伸缩性，所以得到迅速推广。

1989年4月，提出了具有完整性增强特征的SQL，被称为SQL89。1992年11月又公布了SQL的新标准，即SQL92。同时公布了开放数据接口（ODBC，Open Database Connectivity），ODBC提供了一个公共的应用程序接口，应用程序通过它可以链接到任何数据库系统。几年后，一个相似的数据接口（JDBC，Java Database Connectivity）问世，通过该接口SQL语句可以被嵌套到Java程序中去。

1999年发布SQL3标准（SQL99）。SQL3标准将能处理对象数据库中复杂对象，这意味着SQL3将包含综合细化的等级、多重继承性、用户定义数据类型、触发器、支持知识系统、周期查询表示等。此外，它还必须支持面向对象编程，抽象数据类型和方法，继承性、多态性、封装性等。数据库语言（SQL）的完善和标准化，标志着数据库技术的进步和成熟。

3）数据库工具及设计方法的研究

数据库技术是指建立在数据库基础之上的软件开发与系统设计方法、手段等。早期的数据库软件开发由专门的数据库语言如 dBase，FoxBase 等支持，功能单一、界面粗糙；随着可视化（Visual）语言的出现与迅速发展，数据库操作功能已融入各高级语言之中，是否提供强大、方便、快捷的数据库开发和管理功能已成为衡量程序设计语言是否功能完善的重要指标之一。这些功能包括支持数据库设计和应用系统开发，也包括数据库系统运行、维护等。其特点可归纳为：支持特定数据库管理系统的应用程序开发；提供统一界面的应用程序接口；支持可视化图形用户界面；支持面向对象的程序设计；支持系统的开放性；支持汉化；支持多种数据库链接等。

数据库设计的主要任务是在 DBMS 的支持下，按照应用的要求，为某一部门或组织设计一个结构合理、使用方便、效率较高的数据库及其应用系统。数据库设计在数据库技术的研究中占据重要地位，设计的成功与否直接关系到整个数据库系统的开发。其中主要的研究方向是数据库设计方法学和设计工具，包括数据库设计方法、设计工具和设计理论的研究，数据模型和数据建模的研究，计算机辅助数据库设计方法及其软件系统的研究，数据库设计规范和标准的研究等。

关系模型有严格的数学理论基础，并且可以向别的数据模型转换，关系数据库的规范化理论已经成为数据库设计的坚实基石。同时，由于数据库的概念已经由简单独立的数据表扩展到若干个数据表、规则、视图、存储过程、触发器等组成的一个有机相关的系统，数据库服务器也实现了分布式操作，可以实现复制、订阅、发布等一系列复杂操作，所以数据库系统的设计已成为一个复杂完整的体系。

4）数据库联机分析处理技术

数据库联机分析处理技术（On Line Analytical Processing，OLAP）以超大规模数据库（VLDB）或数据仓库为基础对数据进行多维化和预综合分析，构建面向分析的多维数据模型，再使用多维分析方法从多个不同角度对多维数据进行分析比较，找出它们之间的内在联系。OLAP 使分析活动从方法驱动转向了数据驱动，分析方法和数据结构实现了分离。

3. 数据库技术最新研究进展

近年来计算机软硬件技术特别是硬件技术的发展为新一代数据库技术的发展奠定了物质技术基础，尤为引人注目的是光纤和高速传输网、大规模并行处理技术、人工智能和逻辑程序设计、面向对象的程序设计、开放系统和标准化以及多媒体技术的发展和推广，这些新技术与数据库的广泛应用相结合，形成了当代数据库的几个有代表性的新方向，与传统的数据库相比，主要在体系结构、技术融合、应用领域等方面发生变化，下面从这几个方面对新的数据库技术作一介绍。

1）并行数据库

目前，数据库规模越来越大，数据库的查询也越来越复杂，传统的数据库系统已经难以满足不断增长的应用要求，并行数据库系统能为数据库系统提供高性能。

并行数据库系统研究的关键问题是并行数据库的物理设计方法和它的查询优化。物理设计核心问题是：如何把一个关系划分为多个子集合并分布到多个处理节点上，使得在查询处理中系统的并行性得到充分发挥。数据划分对并行数据库系统的性能具有很大的影响，主要有三类方法：一维数据划分、多维数据划分和传统物理存储结构的并行化。一维数据划分就是根据关系的一个属性的值来划分整个关系，主要有Round-Robin，Hash，Range，Hybrid-Range 划分方法，但一维数据划分方法不能有效地支持在非划分属性上具有选择谓词的查询，多维数据划分则支持这种查询，主要有CMD，BERD，MAGIC 多维数据划分方法。关系模型和关系数据库系统的非过程性查询语言为其并行实现提供了条件，关系查询特别适于并行处理，关系查询具有三种并行性，即数据操作间的流水线并行性、数据操作间的独立并行性和单数据操作内的共行性，可根据不同的并行性进行查询优化。

支持并行数据库系统的并行计算机结构主要有四种：

（1）完全共享结构（SE）。处理机共享主存储器和磁盘，它们之间用高速通信网络链接。

（2）共享主存储器结构（B）。多处理机共享主存储器，每个处理机具有独立的磁盘存储器，典型的系统有 IBM/370 多处理机系统、VAX 多处理机系统等。

（3）共享磁盘结构（SD）。处理机共享所有磁盘存储器，每个处理机有独立的主存，直接访问共享磁盘上的数据，它在工作负载平衡和系统可用性方面有优势，但加锁必须是全局的，开销很大。由于每个处理器都可在缓冲池里有一份数据的副本，要通过处理器间快速通信和专门硬件来进行控制以保证数据的一致性。另外系统的可扩充性不好，增加处理机会造成性能的下降。

（4）无共享结构（SN）。在这种结构中，没有任何共享硬件资源，处理机之间的通信由高速通信网络实现。SN 结构是支持并行数据库系统的最好并行结构，因为它通过最小化共享资源使得由资源竞争带来的系统干扰最小化，并且具有高可扩充性，处理机个数可扩展到数百甚至上千个而不增加处理机间的干扰。另外在复杂数据库查询处理和联机事务处理过程中可获得接近线性的加速。还有一个优点就是特别适合于Client-Server 方式，Oracle7 在 MPP 结构的 nCube 机上实现的并行服务器就采用了这种方式。

要注意的是，简单地将多个处理器合在一起并不能形成一个并行数据库系统，并行数据库系统应达到易于安装、运行、备份、恢复、诊断错误、增加应用、进行数据库设计、服务和维护，就像在一个系统上一样。

2）网络数据库

随着网络技术的迅速发展，Web正在逐渐成为全球性的自主分布式计算环境。Web上的多数站点都具有丰富的数据资源。网络数据库，也称在线数据库，是基于Internet和Intranet的数据库技术，其主要目的在于使用Web浏览器界面存取数据库内容。数据异构问题是影响Web数据源集成的最大障碍。Web数据源的异构问题主要包括三个方面：第一方面是模式异构，表现为不同数据源具有不同的存在形式；第二方面是数据异构问题，表现为不同数据源具有不同的数据类型；第三方面是语义异构问题，表现为相同的数据形式表示不同的语义或同一个语义由不同形式的数据表示。

一些厂商（如Informix等公司）已开始扩展DBMS的数据类型，凡Web上有的数据类型都作为DBMS的内部数据类型。Web页面、HTML、URL、图形图像都存储在同一个集成式数据库中。处理Web数据的机制（如HTML和库中数据的互换、页面显示、对Web用户广播数据库中的数据等）都将成为DBMS的内部功能。

当前我国的网络数据库建设呈现以下趋势：

（1）网络数据库建设参与者多元化，这一现象成为我国当前网络数据库在规模上飞速发展的重要推动力。

（2）网络信息市场及其巨大潜力催生出我国首批大型网络数据库生产商，数据库生产企业品牌意识增强，以网络为生存空间的大型信息服务系统正在形成。

（3）网络数据库的学科、专业布局趋于合理，数据库品种在内容分布上的集中化与产品的差异化、细分化现象并存。

3）智能数据库

智能数据库是刚发展起来的新兴领域，其许多相关问题仍未解决，有关专家认为一个智能数据库至少应同时具备演绎能力和主动能力，即把演绎数据库和主动数据库的基本特征集成在一个系统之中，所以智能数据库应具有下列特点：

（1）提供表达各种形式的应用知识的手段；

（2）像专家系统一样为用户提供解释；

（3）主动规则，恰当地为快速变化做出反应；

（4）更普遍、更灵活地实现完整性控制、安全性控制、导出数据处理、报警等。

4. 数据库技术的发展趋势

纵观数据库技术发展的历史及其现状，总结出今后发展的基本趋势。

（1）新一代数据库在功能上将有以智能化为特征的特点；

① 数据库表示对象的复杂化。它能表示各种复杂的对象（加空间数据、时态数据、多介质数据、超级文本），特别是能够表示规则、知识。

② 数据库将不断向更高级的智能化方向发展，它将对人类提出的问题给出接近自然语言的智能回答。

③ 具有某种特定功能的基于知识的专用数据库（类似于专家系统数据库）也将在光盘存储器及其他高速光电器件的支持下得到较快的发展。

（2）新一代数据库在体系结构上将有如下突出特点：

① 从信息处理范围来看，强调与 Internet 或 Intranet 链接。

② 分布式/并行处理的数据库计算机系统将占有优势。

③ 数据库的结构将具有灵活性和可扩充性，DBMS 将提供标准化的工具箱，灵活地按用户需要配置、增加和更新数据库系统的功能。

（3）新一代数据库的性能将从多方面得到改善，彻底改变由于数据库功能的复杂化而导致的低效率。改善性能的主要因素是：

① 建立新一代数据库自身的完整的体系结构，从而简化信息处理的层次和方法。

② 递归查询算法的进一步优化（诸如程序等价性、传递闭包计算等对查询优化有重要价值），各类查询语言语义的深入研究。

③ 集成电路性能的进一步提高及新型高效计算机元器件的研制，光盘存储器的大量使用，以及由此而来的存储结构和存取策略的更新。

（4）人工智能技术、面向对象的程序设计方法与传统的数据库技术的有机结合将导致数据库新的形式化的理论体系的确立。

（5）DBMS 的开放性及用户接口的友好性将成为新一代数据库的又一突出特点。

（6）数据库设计方法的智优化和数据库设计中对软件工程新技术的运用将使数据库设计向自动化方向迈进。

二、国外油气资源评价数据库系统现状

1. 石油企业油气数据库系统的应用

目前，石油企业油气数据库系统的开发应用已成为石油公司降低成本、减少决策失误、提高工作效率及勘探成功率的有力手段。美国、加拿大、澳大利亚、挪威等国石油公司的石油勘探开发生产和研究工作，都有数据库作支撑。国外石油、石化公司在以数据库为基础的信息技术方面的投资每年超过 400 亿美元，占全球石油、石化营业额的 2%。全球前 30 名石油、石化公司的信息技术投入都在 2.54 亿~20 亿美元/年之间。

挪威石油企业将数据应用提高到经营的高度，采取"数据库策略"进行数据的管

理与经营。1992 年，挪威国家石油管理局（NPD）和挪威三家石油公司（Statoil，Norsk Hydro，Saga Petroleum）共同发起创建国家统一的石油数据银行，各公司采集到的数据存入石油数据银行，在 5 年保密期满后如不再做工作就将成为公共资料，为更多的公司所共享，达到资源充分利用的目的。

美孚（Mobil）公司 1993 年开始建立数据管理系统，逐步实现数据共享、降低成本并优化决策。

瑞士石油咨询公司与世界 6 家大石油公司合作于 1990 年，共同研究开发出石油勘探开发数据库系统——IRIS21，主要用于管理和分析世界各国石油工业上游的各类数据和信息，包括勘探、开发和生产等方面的数据。利用这一系统，可为用户提供各国家和地区油气钻井、招标合同、地质地球物理勘探、盆地、油气田、开发、生产等方面的数据信息和统计分析。

2. 美国联邦地质调查局油气资源评价数据库

美国联邦地质调查局（USGS）2000 年首次完成了全球范围内的油气资源评价。这项评价工作是采用地理信息系统（GIS）平台和专门的油气资源评价软件进行的，所依靠的数据库为世界两大石油数据库，即瑞士石油咨询公司的 Petroconsultants（1996）数据库和美国 Dwight 公司 NRG Associates，Inc.（1995a，1995b）数据库。前者提供北美以外的数据，而后者提供北美地区的数据。采用 GIS 主要进行所评价的各大地区的地质图、盆地分析图、主要含油气盆地的含油气系统图等的编制工作；并通过 GIS 调用世界两大石油数据库资料，将它们的属性输入相应的 GIS 数据库，来进行主要盆地的油气资源评价研究。

美国联邦地质调查局所进行的资源评价以勘探发现的油气储量等信息为依据，通过地质分析和数理统计，对未发现的油气资源量等进行预测，其预测强调对研究区的综合石油地质分析。主要用含油气系统、圈闭群评价方法整体研究油气成藏体系和油气分布规律。然后根据勘探历程分析所发现的油气藏（包括数量和储量大小）是否符合该区的油气地质规律，选择适当的数学方法进行有效的计算和预测。

强大的数据库支持和 GIS 的充分应用是美国联邦地质调查局完成全球资源评价工作的基础，但数据库、GIS 和评价方法还没有实现集成。

调研结果表明，国外政府部门及油公司的油气资源评价主要是在现有油气管理数据库和通用 GIS 的基础上，通过评价软件完成评价工作，使现有资源得到充分利用。其油气资源数据库的数据积累通过相当长的时间才达到目前的规模。

三、国内油气资源评价数据库系统现状

1. 石油企业油气数据库系统的应用

我国油气勘探开发领域是最早引进数据库技术的领域之一。20 世纪 80 年代初期，石油工业部在各油田开始推广数据库，并以大庆和胜利两个油田为主制定中国油气勘探开发数据库应用的行业标准。经过 20 多年的大规模持续建设，在存储的信息量、应用的规范性、数据库技术、人才队伍素质等方面都达到了较高的水平。

三大石油公司成立后，数据库技术作为油气勘探开发的重要技术仍然受到广泛重视，将数据库建设作为企业信息化的重要内容不断进行投资。

从 2000 年开始，中国石油、中国石化开展了以地震、测井资料转储和数字化为重点的勘探开发资料信息化工作，这为进一步开展数据集成管理工作打下了良好的基础。

尽管数据库系统的建设取得了一定成绩，但仍存在一些问题：一是数据库各自独立，没有有效沟通、互联，无法形成可共享的数据资源；二是采用的数据库标准体系有差异，使数据库之间难以进行流畅的数据交换；三是数据库建设偏重数据管理，而较少考虑面向应用。

2. 油气资源评价数据库发展历程与现状

具体到油气资源评价工作而言，其数据库则是随着评价技术方法的发展而发展起来的。在早期第一、二轮油气资源评价和油公司的油气资源评价中，评价系统得到不同程度的应用。为配合全国第一轮油气资源评价工作，石油工业部北京石油勘探开发研究院于 1985—1990 年研制出运用网格积分法计算油气资源量的软件——GCL，它是用 Fortran 语言编写的一种算法，严格来讲还称不上软件系统。1991—2000 年，油气资源评价技术方法得到了较大的发展，大约有 46 种评价技术和计算方法在第二轮资源评价中得到了应用，并出现了一些有代表性的评价软件系统。这些系统比早期的评价软件有较大的发展，但基本保持相对独立的数据输入、核心算法和数据与图形输出模块，因而并没有对较为大型且规范的数据库的急切需求。

2000 年之后，油气资源评价系统开始走向集成化，相应的数据库设计和建设工作也得到更多的重视。2001—2003 年，中国石油天然气集团公司开展了公司第三次油气资源评价，首次建立了专为油气资源评价服务的油气资源评价信息管理系统，由数据库、图形库、地质图形系统和查询系统组成，用来对资源评价的各类信息进行动态管理。

1）中国石油第三次油气资源评价数据库

中国石油第三次油气资源评价数据库完全采用了符合关系型数据库规范的数据模型设计，根据评价目标层次建立了盆地评价、区带评价，并且根据不同的评价类型建立了不同的评价方法，资源评价数据库就是围绕油气资源评价相关的评价基础资料数据、评价过程和各个评价方法所涉及的评价参数数据以及评价成果数据，构成了资源评价数据模型（图 1-1）。

中国石油第三次资源评价数据库主要支撑评价方法包括：

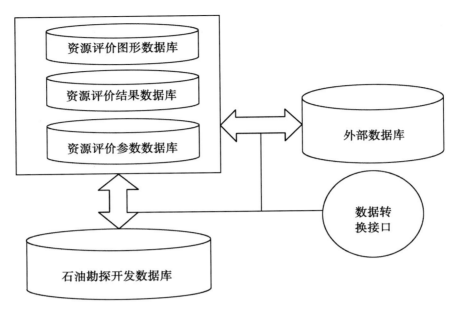

图 1-1　中国石油第三次油气资源评价数据模型

（1）成因法。

①盆地模拟法。

②运聚单元模拟法。

③氯仿沥青"A"法。

（2）类比法。

①面积丰度类比法。

②体积丰度类比法。

（3）统计法。

①规模序列法。

②发现过程法。

③圈闭加和法。

（4）经济评价。

包括现金流法。

第三次资源评价数据库首次建立了国内类比法数据模型。

系统以 C++ builder6.0 为程序开发平台，选用 SQL Server2000 为数据库开发平台，运行于 Windows 2000 Server 系列操作系统。系统采用 Client/Server 结构，客户端使用 ODBC 数据引擎和 BDE 数据引擎通过网络访问数据库服务器内的资源评价数据库。通过数据提取提交接口向评价方法子系统输出评价基础参数和接收评价结果数据，通过查询和报表显示输出数据，并且通过图形库接口显示输出图形。

系统主界面采用类似于 Windows 资源管理器的模式，设计了数据类型目录树和管理目录树型结构。其他分窗口采用单仓库多页面的设计模式。系统主要包括数据字典管理、数据表管理、专题数据管理和数据查询及报表输出四大功能模块。数据字典管理主要用于各类数据编码的输入及修改和各数据表及数据项的中文标识的修改。数据表管理主要用于专业数据录入员批量录入或修改数据。专题数据管理主要用于资源评价人员评价过程中动态输入或修改评价所需数据及各评价方法软件获取或存入相关数据。数据查询及报表输出主要用于油气资源评价相关人员查询或发布油气资源评价相关信息。

系统设计时使用了数据的分类管理，把数据库数据结构分成了盆地数据、区带数据、经济评价数据以及刻度区数据和其他数据五个大类，数据的分类管理可以降低数据管理和维护的复杂难度。

至项目结束时，数据库中存储了中国石油 13 家油气田和 2 个分院所负责评价的区域范围的评价基础数据、参数数据、评价结果数据以及图形数据。其盆地单元数据库中有 121 个评价单元的评价基础参数相关数据、评价结果相关数据；区带评价单元中有 863 个区带评价基础参数相关数据和评价结果相关数据；经济评价单元中有 863 个区带评价基础参数相关数据和评价结果相关数据；刻度区单元中有 123 个刻度区数据；图形库中有 5100 余张各类基础图件和成果图件；另外还有其他部分相关的数据。数据库中全部为常规油气资源的数据，不包含非常规油气资源数据。

中国石油第三次油气资源评价数据库系统是国内第一个完整意义上的油气资源评价数据库系统，有力支撑了中国石油天然气集团公司第三次油气资源评价工作。遗憾的是自 2003 年以后，数据库再没有进行过数据资料的更新和维护。

2）国土资源部油气资源评价数据库

2003 年 10 月—2007 年 6 月，国土资源部、国家发展和改革委员会、财政部联合组织开展了新一轮全国油气资源评价工作，在项目实施过程中建立了全国新一轮油气资源评价数据库和评价系统。新一轮油气资源评价在常规油气资源评价的基础上，首次开展了非常规油气资源评价。

全国新一轮油气资源评价数据库系统由资源评价数据库、资源评价方法体系、评价结果查询、评价结果汇总和资源评价成果管理与发布构成。建立了基于 GIS 图形驱动、统一数据组织管理、集成各种评价方法应用、标准化数据汇总输出为一体的资源评价数据库系统。

新一轮油气资源评价数据库的数据模型主要由评价基础数据、评价方法参数数据、评价过程参数与指标数据、评价结果数据和评价成果汇总数据构成。数据模型设计采用了分布式数据库模型进行设计，具体数据库数据逻辑模型如图 1-2 所示。

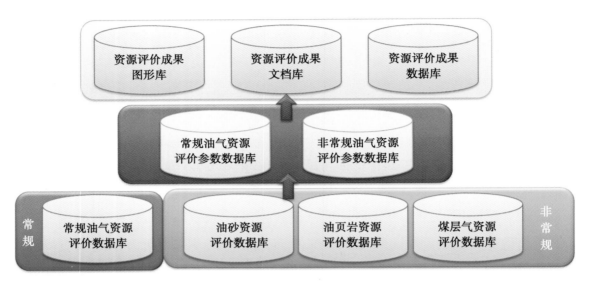

图 1-2　新一轮油气资源评价数据库的数据模型

　　数据对象主要依据评价单元和计算单元两个层次，数据逻辑是对评价对象进行划分评价单元（包括常规油气、非常规油气的盆地级评价单元、构造单元级评价单元），每个评价单元又划分为 $1\sim n$ 个计算单元进行具体评价。评价单元的评价结果由计算单元汇总而成。

　　新一轮油气资源评价数据库支持多种评价方法的应用，具体包括：

　　（1）统计法。

　　①油田规模序列方法软件。

　　②广义帕莱托分布方法软件。

　　③发现过程模型分析方法软件。

　　④发现效率趋势预测方法软件。

　　（2）类比法。

　　①面积丰度类比方法软件。

　　②参数类比方法软件。

　　（3）趋势预测方法。

　　①勘探效益分析方法软件。

　　②油气田类型—储量外推方法软件。

　　（4）非常规资源评价方法。

　　①体积法。

　　②参数类比法。

　　新一轮油气资源评价数据库和评价系统建设充分借鉴了中国石油天然气集团公司

等公司层面评价系统和数据库的研发建设经验，初步建成了国家级油气资源评价数据库，数据库中包含常规石油、常规天然气和煤层气、油砂、油页岩评价的基础数据、参数数据和成果数据。

评价系统（含数据库系统）采用 GIS 的设计思路，融合数据库技术，采用 UMapX 为基础的地理信息开发工具，SQL Server 2000 为数据库平台，数据库访问统一采用 ADO 链接。系统为 C/S，B/S 相结合的 Windows 系统下的应用系统，主要功能采用 C/S 结构，浏览查询功能采用 B/S 结构。开发工具选用 C++.net，服务器操作系统为 Windows 2000/XP/NT。

该数据库系统具有全国范围内的数据：

（1）129 个常规油气盆地及其一级、亚一级构造单元的油气资源评价成果信息和部分重点评价单元的基础数据、参数数据等；

（2）42 个含气盆地（群）、121 个含气带的煤层气资源评价成果信息；

（3）24 个盆地的油砂资源评价成果信息；

（4）47 个盆地、80 个含矿区的油页岩资源评价成果信息。

3）中国石油全球油气资源信息系统

2008—2015 年，中国石油勘探开发研究院依托"十一五""十二五"国家油气专项及中国石油的公司重大科技专项，研发了全球油气资源信息系统 GRIS，目前已推出 2.0 版本。

该系统运行于中国石油内部局域网，采用纯 Web 模式。系统在资源评价项目数据库、统一空间数据库、公开文献库、商业数据库、资源评价成果库、自有资料库的基础上，构建了一体化全球资源评价协同工作平台，包含数据查询分析挖掘工具、共建资料管理子系统、资源评价应用系统、数字制图管理系统等数据工具和模块。

全球油气资源信息库具有多层次、多数据源的数据资料，包括：

（1）全球油气行业动态信息库。以网络爬虫为数据抓取工具，自动生成全球油气动态信息网页。

（2）USGS 资源评价数据库、文档库。包含 USGS 2000 评价的所有评价结果数据和 USGS 后来所有公开发布的全球资源评价文档。

（3）全球油气资源论文文献库。包含与全球主要含油气盆地油气远景研究与资源评价相关的论文文献。

（4）IHS 数据库。具有 IHS 公司 2009 年底的数据资源及 IHS 相应功能的数据管理与查询应用软件。

（5）Wood Mackenzie 数据库。包括较全面的全球区块商业信息及油公司资产信息，资料截至 2010 年 7 月。

（6）C&C油气田数据库。包含全球897个典型油气田参数（49项）、全球897个典型油气田文档报告、1119个典型油气藏参数（200项）、1119个典型油气藏文档报告、（盆地）褶皱带专题报告、勘探开发专题报告。

（7）全球油气资源空间数据库。

（8）中国石油全球油气资源评价数据库。为中国石油海外自有资料。

（9）中国石油全球油气资源评价文档库。为中国石油海外自有资料，包含中国石油一期（"十一五"）全球油气资源评价最终成果、二期（"十二五"）全球油气资源评价过程文档资料。

（10）非常规油气资源资料库。为中国石油海外自有资料，是专为全球油气资源评价项目下属课题"全球非常规油气资源潜力评价与有利区优选"构建的文档资料库。

（11）海外日常资料归档库。为中国石油海外自有资料，主要是海外科研生产中产生的电子文档类信息资料。

（12）海外新项目评价资料库。包含2005—2009年新项目评价结果。

可见，该系统已不是通常意义上的数据库管理系统，而是在新的技术条件和数据资源条件下，运用统一应用门户集成技术、广域网数据集成技术、第三方应用的虚拟封装集成技术，以通用数据库定制开发与运行管理平台为基础框架，在网络环境下综合集成集多层次多数据源的数据库、项目管理平台及资源评价应用软件、数字制图与管理软件于一体的大型油气资源信息系统。

第二节　油气资源评价对数据库的基本需求

油气资源评价对数据库系统的需求主要分为四个层次（图1-3）。

一、资源评价成果发布需求

资源评价的成果包括了常规和非常规油气资源量计算结果、资源量各类汇总结果、各个地区资源评价的研究成果（图形、文档）。根据不同用户类（包括决策层、研究层、公共层等）所关注的成果内容以及成果的形式，能够组织不同的成果类型进行发布和输出。

图1-3　资源评价数据库系统需求层次

二、资源评价系统应用需求

由于资源评价工作采用统一的评价方法和软件，所有评价软件必须有一个概念完善的数据管理工具，其主要需求是管理各个评价软件计算中所直接用到的各种参数数据和结果数据。目前方法研究课题和参数研究课题已对这部分需求作出了明确的描述。

三、资源评价参数管理需求

资源评价中用到的参数类型、参数表现方式多样，对数据库、图形库功能的要求也较高，为了处理和管理这些多种类型的参数特别是非结构化类型参数，需要加强数据库、图形库的功能。

四、参数基础数据管理和参数研究需求

所有的参数都是经过一定的研究思路和基础资料得到的。实现动态评价的关键是建立一套参数研究的思路和基础数据库及图形库。

第三节　油气资源评价数据库的建设目标

根据油气资源评价工作对数据库的基本需求，油气资源评价数据库系统研发和建设需要考虑的研究内容和目标主要有六个方面。

一、数据库、图形库能够用于所有参数的研究与处理

在资源评价中往往将参数研究放在非常重要的位置，评价过程所使用的参数都是在参数研究的基础上获取。数据库、图形库建设，考虑了资源评价所用参数的研究内容和相关的数据管理功能。

由于参数研究的过程是一个循环的过程（图1-4），如果在参数研究过程中使用了数据库、图形库技术，就可以有不断的数据积累，从而达到实现动态评价的目的。

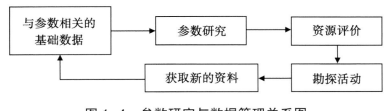

图1-4　参数研究与数据管理关系图

参数研究数据类型和需求与评价方法的选择相关，因此数据库、图形库内容和结构的详细设计要在参数研究需求完成后才能实施。

二、能够满足整个资源评价系统所需数据、图形的管理

油气资源的评价内容包括常规油气和非常规油气，评价对象包括盆地评价、区带评价、区块评价，每一层次的评价工作所使用的评价方法较多，在评价过程中各种评价方法产生了大量的中间成果数据和结果数据，这些数据之间都有一定的关联，如果仅仅依靠数据文件方式管理数据已不能满足评价工作的需要，必须建立起功能完善的数据库和图形库系统。

由于不同评价层次的评价内容之间也有很多的相关性，因此油气资源评价数据库、图形库建设以建立统一的数据库、图形库系统为宜。

三、满足资源评价成果展示的需求

油气资源评价工作最后的成果非常丰富，且成果类型种类繁多，为了更好地展示评价成果及今后动态评价成果，需要一个功能完备的数据库、图形库支持。

四、建立标准的资源评价图形资源

油气资源评价涉及大量的图形信息，从油气资源评价的标准化要求和之后的动态评价要求出发，必须建立一套标准的图形资源。包括各种标准的地理底图、构造单元图、各种评价图等。

五、与其他资源的共享

其他相关科研项目的数据库、图形库建设，积累了大量的数据、图形资源，一方面资源评价工作在研究过程中需要用到这些资源，另一方面资源评价产生的大量数据、图形信息可以与其他资源共享。

在资源共享方面，主要考虑各种标准和数据、图形格式。目前主要考虑和勘探数据库、全国储量库、全国图形库等资源实现共享。

六、完全兼容并且继承三次资源评价数据库

中国石油经过 2002 年的第三次油气资源评价工作，建立了第三次资源评价数据库，积累了大量的数据和图形资源，一方面在研究过程中需要用到这些资源，另一方面资源评价数据应该有一个比较好的继承性。

第二章 油气资源评价数据
体系与图形体系

油气资源评价涉及的数据和图形种类多、数量大，为了能高效管理海量信息，需要对这些数据和图形的构成、来源、用途等进行分析，建立较为明晰的分类标准，并在此基础上设计合理的管理方案。

第一节 数 据 体 系

一、分类方式

油气资源评价数据库内存放的数据将支持资源评价的整个过程。为了能更好地管理库中数据，需要将整个过程中用到的数据进行分类管理。可依据不同的主线进行分类，如所属评价对象、资源类型、数据形式（存储类型）、数据应用类型等（图2-1）。

根据这些分类主线可按数据存储类型→评价对象→资源类型→应用四个层次对资源评价数据和图件等进行逐次划分，具体分类方式如下。

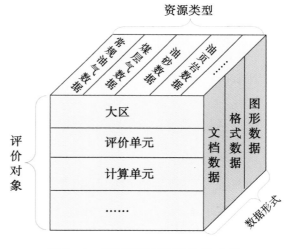

图 2-1 资源评价数据分类主线

1. 按照存储类型划分

按照存储类型可以将数据划分为结构化数据和非结构化数据。

结构化数据是指能够用现有的关系数据库系统直接管理的数据，进一步又可以分为定量数据和定性数据两类。

非结构化数据是指不能用现有的关系数据库系统直接管理和操作的数据，它必须借助于另外的工具管理和操作。如图件数据、文档数据等。

2. 按照评价对象划分

资源评价的地质单元一般可分为盆地、区带、区块以及非常规的含矿区、含矿分区等几个层次，在研究中又使用了含油气系统、运聚单元等对象，在评价对象总体考虑中按照评价对象将数据划分为评价单元（盆地、含油气系统、运聚单元、区带、区块及圈闭，非常规的含矿区、含矿分区等类型）和计算单元（盆地、区带、区块、含矿区、含矿分区等类型）。

3. 按照资源类型划分

评价的资源类型可分为常规油气和非常规油气，其中非常规油气又分为煤层气、油砂、油页岩、致密油、致密气、页岩气，不同的资源类型具备不同的评价参数和评价结果形式。

4. 按照应用类型划分

按照数据在资源评价过程中的应用类型可以划分为基础数据、参数数据和评价结果数据。

基础数据是指从勘探生产活动及认识中直接获取的原始数据，这些数据一般没有经过复杂的处理和计算过程。如分析化验数据、钻井地质数据、盆地基础数据等。这些数据是整个评价工作的基础。

参数数据是指在评价过程中各种评价方法和软件直接使用的参数数据。

评价结果数据是指资源评价中产生的各种评价结果数据，如资源量结果数据。地质评价结果数据等。

对于结构化存储的数据在应用层分为三类：基础数据、中间数据和结果数据，基础数据中包含用于类比的基础数据、用于统计分析的基础数据和直接用于公式运算的基础数据。

结构化存储的数据在获取方式上可以继续划分，其中，用于公式运算的数据可以细化为专家直接录入、由地质类比获取、通过生产过程获取、通过地质研究过程获取及其他方式。中间数据可以从以下方式获取：标准、统计、类比、参数的关联。结果数据的获取有两种方式：公式运算结果和通过钻井、地质、综合研究等提交的文字报告。

对于非结构化存储的数据在应用层分为两类：数据体和文档数据。

文档数据是指评价过程中产生的各种报告、项目运行记录等。

二、分类结果

第一级，按照数据存储类型分类（图2-2）。

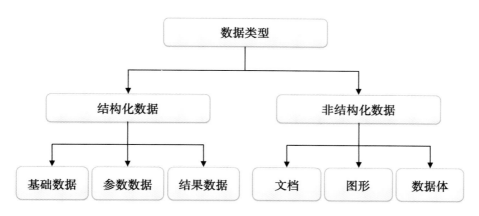

图 2-2 数据存储类型划分

第二级，按照对象类型分类（图 2-3）。

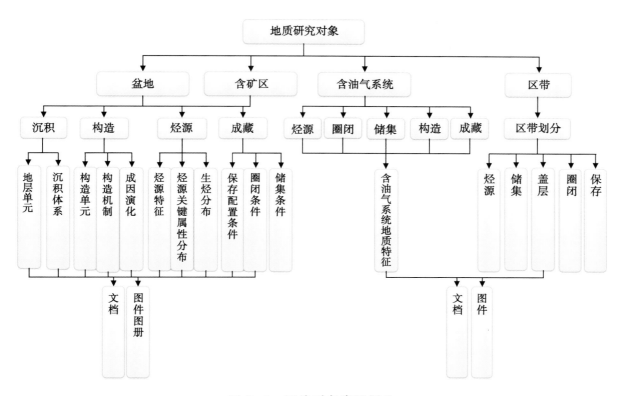

图 2-3 评价对象类型划分

第三级，按照资源类型分。图 2-4 显示了 7 种非常规油气资源的数据分类情况。

第四级，按照应用分类（图 2-5）。

三、数据管理方案

按照上述不同类型划分方式对各种数据建立相应的表结构，并根据关键字段建立

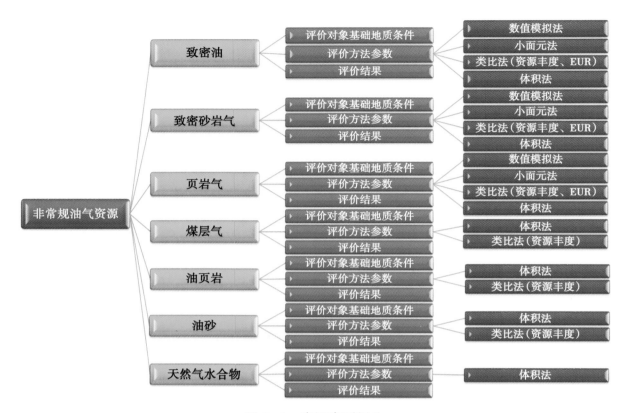

图 2-4　资源类型划分

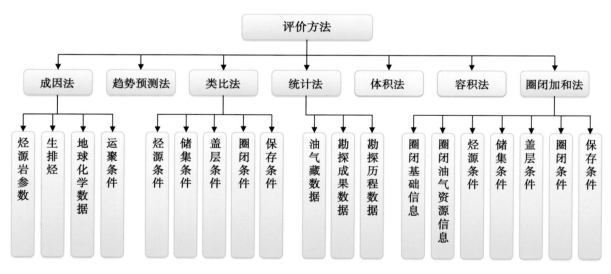

图 2-5　应用类型划分

数据表间的逻辑关系，通过对不同存储形式数据的有效管理，实现对不同评价对象、不同类型资源、不同评价应用的数据支撑。

对不同存储形式数据的管理方式如下。

1. 结构化数据

结构化数据一般情况下是比较标准的数据，数据之间的关系和条理性非常明确，可以根据数据之间的关系，建立标准的数据转换接口，对结构化数据进行批量的导入导出。

2. 非结构化数据

所谓非结构化数据是指不能够用关系数据库结构进行分类描述的数据，包括文档资料数据和数据表格文档。

3. 文档资料数据

根据文档描述的数据特征，进行统一的归类，然后根据归类后的文档特点提取相对关键的属性信息，进行结构化分析，形成结构化的数据或索引，再建立文档库和文件服务器对文档数据进行管理。

4. 数据表格文档

一般数据表格文档数据已经具备结构化数据的部分特征，但是还存在文件的一些特征，对此类数据采用结构化数据处理和文字文档数据相结合的综合数据处理方法进行处理。对于无法提取关系结构的部分数据使用文档库进行管理。

第二节　图　形　体　系

一、分类方式

资源评价图形库主要根据应用类型、图形类型、管理模式三个维度进行图形分类。

1. 按照应用类型划分

按照图形在资源评价过程中的应用类型划分，可以划分为基础原始图形、评价过程图形和评价结果图形。

基础原始图形是指从前期的勘探生产活动及认识中形成的基础地质图形，这些图形是对评价对象前期的基础地质研究，包含了资源评价过程中一些基础参数因素构成部分，如构造单元划分、面积图、厚度图、基干剖面图等。这些图形是整个评价工作的基础和基础数据来源。

评价过程图形是指在评价过程中各种研究形成的一些中间成果图形或评价方法产生的评价结果图形，包含了评价方法或详细地质研究以及最终评价所应用的一些关键分析参数，如分析化验结果图形、烃源岩等厚图、储层等厚图等。这些图形是资源评价方法应用和评价结论主要的参数来源。

评价结果图形是指资源评价产生的各种评价结果图形数据，如资源量分布图、有利区带分布图等。

2. 按照图形类型划分

根据常规油气地质研究技术规范的要求，图形数据类型的划分主要包括平面图、剖面图、综合图、统计图等图形类型，依据图形类型又可以将图形细分为平面构造图、平面分布图、地层对比图、剖面对比图、综合柱状图等。

图形数据在数据类型上可以根据获取方式继续划分成四种方式：通过工程测量数据获取（如地理图件、井位坐标数据等）、通过地质研究过程获取（如沉积相图、构造区划图等）、由综合研究获取（如综合评价图等）以及其他方式。

3. 按照图形管理方法划分

根据图形的管理方法，对图形数据可以进行矢量图和非矢量图划分。同时在此基础上将矢量图继续以详细的管理方法划分为四个方面：由空间地理坐标和标准图层构成的空间地理图形（如构造单元划分图、地理图、井位图等）、具有空间地理坐标的图形（如构造剖面图、等厚图等）、不具备空间地理坐标信息的矢量图形（如剖面图）和数值图（如产烃率曲线图、干酪根热降解图等）。

图形数据库以图形管理与应用为核心，因此图形数据分类划分以图形管理方法→图形类型→图形应用类型为主线，进行数据分类。

同时，图形数据除了图形本身以外，还包括图形的元数据信息。图形元数据信息主要围绕划分主线进行描述。

二、分类结果

第一级，按照管理类型划分（图2-6）。

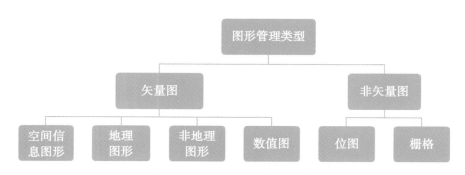

图2-6　图形管理类型划分

第二级，按照图形类型划分（图2-7）。

第三级，按照应用类型划分（图2-8）。

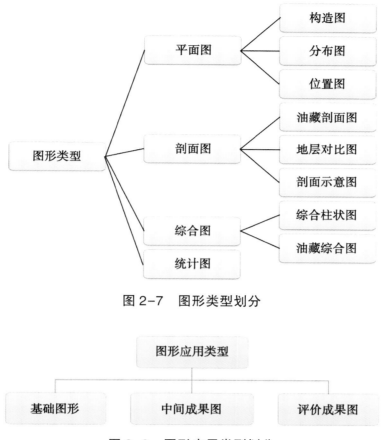

图 2-7 图形类型划分

图 2-8 图形应用类型划分

三、图形数据管理方案

对于图形数据的管理方式为：

（1）所有图形数据采用统一的图形标准进行管理。

（2）对于空间地理图形数据，把图形数据中的空间图层进行标准化拆分，形成独立的空间图层数据，采用标准的空间数据库管理图形数据；图形数据构成由图形库提供的图形构成描述，保存图形的组织结构和输出样式，形成图形数据结构化的管理方法。

（3）对于非标准空间图形数据，采用图形文档服务器的方式进行管理，保存源文件和浏览文件。

（4）对于非矢量图数据，则采用标准的文档管理方法进行管理数据。

第三章　系统总体设计与技术选型

　　油气资源评价数据库系统是一种集数据库物理实体、数据管理、数据服务等为一体的大型平台，既要保证用户准确、快速获取所需数据和展示评价成果，支撑资源评价工作，又要保障数据的安全存储和安全访问，因此必须在充分考虑资源评价的各种数据需求、遵循相关技术标准和规范的基础上，进行周密的总体设计。本章简要介绍了系统的设计思路和原则、相关技术选型和平台基本方案。

第一节　设计原则与思路

　　油气资源评价数据库系统首先是一种软件系统，因此其设计首先要遵循软件系统，尤其是大型软件系统的一些设计原则。

一、软件系统设计遵循的原则

　　（1）以软件工程原则为指导。

　　油气资源评价系统作为大型软件系统，采用软件工程管理技术和相关技术应用原则是保证系统成功的必然选择。

　　（2）规范性。

　　系统设计和建设的各个环节遵循国内外行业标准及指导性意见。

　　（3）先进性。

　　系统设计尽可能采用先进成熟的技术、先进的体系结构、先进的软硬件选型，既保证稳定实用，又能够适应未来业务发展和技术更新的要求。

　　（4）通用性和可扩展性。

　　基于主流的数据库平台体系结构，使系统具备良好的通用性、兼容性，充分考虑到系统的发展因素和历史因素，把系统整个生命周期放到当前和未来的完整时空中，考虑可扩充性、可移植性和兼容性。

　　（5）开放性。

系统采用开放性设计，遵循主流的接口规程和协议标准，不基于特定机型、操作系统或厂家的体系结构，对外提供标准的数据交换接口，以满足更多部门和用户共享信息。

（6）系统容量的适用性与适度超前性。

在项目设计中充分考虑到未来的发展和中国石油统一的数据库结构需求，在数据库结构、系统容量上作了充分估算，以保证系统具有可持续维护和发展的能力。

（7）可靠性和可用性。

充分考虑平台使用的可靠性和可用性，采用国内外先进的双存储、中间件负荷均衡等技术确保系统的不间断应用。

（8）系统设计的界面友好特性。

在数据库维护、各部门间通过此平台传递信息以及数据信息服务与发布等方面，设计中特别注意了人性化设计原则，为使用者和操作者提供友好的人机界面交互。

二、数据库设计遵循的原则

在遵循软件设计开发原则之外，又因为数据库具有不同于一般应用软件的特性，因此其设计还需要考虑以下因素。

（1）数据库标准问题。

中国石油天然气总公司在1991年发布了一个石油勘探数据库结构标准（PEDB）。该标准主要考虑了当时石油勘探过程中管理层次的一些主要数据项。由于PEDB是作为标准下发的，各个油田大多以此为基础进行了一些数据整理和录入工作，形成了一定的数据资源。在设计资源评价数据库的标准之前必须考虑该标准的内容，使得原来所进行的一些资源建设工作结果能够继续发挥作用。

（2）油田各个数据源单位的数据使用习惯问题。

设计资源评价数据模型必须尽可能考虑到数据源单位日常使用数据的习惯。如果脱离这个实际去考虑问题，将给后期的数据录入工作带来困难。

（3）应用软件对数据的需求问题。

数据管理的最终目的是为评价软件提供数据服务。要分析所采用的资源评价软件对各种数据的需求方式，并在设计数据模型时予以考虑。

（4）和现有专业标准尽可能一致。

石油行业针对各个专业发布了很多标准，在设计数据模型时应尽可能和这些标准保持一致。

虽然在资源评价数据模型设计中必须考虑上述因素，但最为重要的是如何去满足集中的资源评价工作（如中国石油第四次油气资源评价重大专项）及日常动态评价工作对资源评价数据模型的要求。

三、系统总体设计思路

系统的总体方案，实际上应根据信息系统的建设目标和需求，综合信息管理的现状和发展要求，满足系统先进性、实用性、开放性、可扩充性、升级简便性、安全可靠性、易管理和效益投资比高等原则进行制订。

资源评价数据库主要基于以下原则设计：

（1）常规油气资源相关数据表以第三次资源评价数据库为设计基础，增加非常规油气资源评价相关的数据表结构；

（2）以评价方法数据应用为核心，进行数据库设计；

（3）引入资源评价工程，支持滚动和动态资源评价；

（4）充分考虑资源评价数据库未来发展的趋势；

（5）融合国内外流行的资源评价数据库和资源信息数据库结构优势；

（6）以空间数据库为主体，围绕图形数据内容，建立图形库。

系统的建立基于开放式网络平台，结合计算机技术和通信技术的最新发展，便于数据资源的共享，软件系统的移植和推广，硬件设备和网络设备的更新和扩充。

系统采用基于开放系统的 Browser/Server 体系结构和分布式数据库处理技术。针对系统的业务范围和处理机制，在数据库系统的基础上采用组件技术（.net/J2EE/CORBA）实现整个系统的稳定性、可靠性、安全性和可扩展性，通过企业业务建模技术在其上构建系统。

根据项目的需求，以信息管理为核心，以资源评价数据管理应用流程为主线，以信息流为决策基础。系统的总体设计思路是以面向对象的设计方法设计系统数据结构，以面向应用和业务流程的方法设计系统的体系结构，以 GIS 的思想设计交互操作模式，围绕项目相关信息数据的管理和应用进行展开。

系统总体架构采用 SOA 体系架构思想构建多层体系结构，将业务逻辑或单独功能模块化并作为服务呈现给消费者或客户端。解决方案分为四个层次：基础数据、业务处理、流程控制和应用层。层与层之间采用松散耦合的方式，各层之中包含各种相对独立的功能模块对应不同的业务需求，便于平台适应不同的层次。

资源评价数据库管理系统是资源评价工作的主要数据入口和数据出口，提供数据库、图形库的基础管理功能和数据应用功能，同时支撑各个评价方法的运行。

根据系统的需求和用户交流的结果，进行分析处理，系统的设计以面向对象的设计方法设计系统数据结构，以面向过程的方法设计系统的体系结构，系统的建立基于开放式网络平台，结合计算机技术和通信技术的最新发展。总体上，以信息门户技术和 GIS 为核心的基于 Web 的应用系统，将围绕资源评价数据来构建。融合评价项目管理驱动，结合动态管理的方法模式，辅助图形操作等基础设计原理，进行系统的设计开发。

系统采用 .net 为系统开发环境，以 ArcGIS 为基础地理信息开发工具，Oracle 11G 为数据库建设工具，数据库访问统一采用 ADO 链接，空间数据引擎采用 ArcGIS 的空间数据引擎 ArcSDE。

系统功能采用 B/S 结构，运行于 Windows 操作系统，系统不提供跨平台运行机制（图 3-1）。

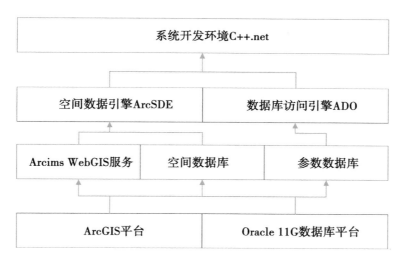

图 3-1　数据库、图形库管理系统结构图

四、技术思路

（1）采用科研数据驱动。

①保证项目科学数据的有效关联；

②实现多学科的数据共享和应用。

（2）促进项目研究工作的成果管理。

①科学数据的标准化管理；

②统一代码标准和数据成果上交标准；

③规范矢量图形的图层和图元标准。

（3）采用信息系统技术。

①基于 WebGIS 和 WebForm 的用户界面；

②分级部署的信息安全策略和数据共享管理。

（4）充分应用成熟的技术体系。

①信息之间的关系建立：数学的、统计的等；

②多种应用工具的集成。

五、资源评价数据库、图形库设计思路

（1）根据目前数据库技术的发展，优化资源评价数据库模型；

（2）围绕油气资源评价常规油气的评价内容和评价方法，更新数据对象设计和数据结构设计；

（3）扩展油气地质评价和趋势预测相关的数据内容；

（4）全新设计图形库、数据库模型和数据结构；

（5）更新设计数据库应用和存储模式；

（6）建立图形库元数据结构；

（7）制定统一图形数据格式。

第二节　技术选型

一、GIS 平台软件选型

系统选用 ArcGIS 系列产品，作为 Esri 公司开发的经典且功能强大的专业 GIS 产品，ArcGIS 是全球 GIS 基础软件中产品化程度较高、应用较广的系统。相对于国内外其他产品，ArcGIS 作为 GIS 开发管理平台具有以下优势。

（1）界面友好、工具丰富。

ArcGIS 不但拥有图文并茂的界面，而且提供丰富的实用工具，包括图形操作工具（如放大、缩小、漫游等）、图形编辑工具（多种方式生成点、线、面，多种自动捕捉功能，多种图形修改功能等）、属性操作（增加、删除属性等）、注记操作（生成、编辑、拷贝、改变颜色/大小/字体、转换）、制图工具（所见即所得的方式，可定制、支持动态地图投影等）。

（2）专业化的分析功能。

ArcGIS 提供了大量专业 GIS 分析功能，例如：缓冲区分析（Buffer）、叠加分析（Overlay）等。

（3）管理海量数据，系统稳定性强、安全性强。

ArcGIS 是一套完整的 GIS 解决方案，其中 ArcGIS Server，AE 都是企业级的 GIS 软件，在国内支撑的大型 GIS 系统和项目的例子比比皆是，如大庆油田勘探开发图库等。

（4）易于客户化。

地理信息系统成熟实用的重要标志就是它提供给用户的二次开发能力。ArcGIS 引入了基于工业标准的组件对象模型（COM），它允许将组件插入其他支持 COM 的应用中。由于 ArcGIS 采用完全符合工业标准的 COM 技术，对于需要对 ArcGIS 进行结构定制和功能扩展的高级开发人员来说，提供了极大的方便。任何 COM 兼容的编程语言，如 Visual C++，Delphi，Visual Basic 都能用来定制和扩展 ArcGIS。

（5）支持网络化。

ArcServer 是 ArcGIS 系统中的基于 Web 的 GIS 软件，是一个功能强大且方便易用的工具，它为建立及发布地图信息提供了便捷的解决方案。

二、数据库软件平台选型

基于数据库在稳定性、安全性、可靠性和系统容量扩展性几个方面的考虑，系统数据库平台选择目前业界最优的 Oracle 11G 数据库平台。Oracle 数据库具备以下特点。

（1）安全性高。

提供了基于角色（Role）分工的安全保密管理。在数据库管理功能、完整性检查、安全性、一致性方面都有良好的表现。

（2）数据仓储。

支持大量多媒体数据，如二进制图形、声音、动画以及多维数据结构等；支持空间数据库。

（3）高效性。

提供了新的分布式数据库能力。可通过网络较方便地读写远端数据库里的数据，并有对称复制的技术。

数据库管理员可以通过 SQL 性能分析器（SQL Performance Analyzer，SPA）在数据库上定义和重演（Replay）一个典型的工作负载，并通过调节整体参数来使数据库尽快达到最佳性能。

（4）稳定性。

具有全天候业务应用程序的性能、可伸缩性和安全性，利用真正应用测试尽量降低更改的风险。

数据库管理员可以利用自动诊断知识库、虚拟专用数据库、细粒度审计等功能，保障数据库的稳定性。

自动诊断知识库（Automatic Diagnostic Repository，ADR）是专门针对严重错误的知识库。

虚拟专用数据库：编写行级安全性程序；确保应用程序上下文的安全。

细粒度审计：定义特定的审计策略，包括对错误数据的访问发出警告。

三、技术依据

系统的设计开发以下述国家标准为主要技术依据：

（1）GB/T 11457 软件工程术语；

（2）GB 8566 计算机软件开发规范；

（3）GB 8567 计算机软件产品开发文件编制指南；

（4）GB/T 12504 计算机软件质量保证计划规范；

（5）GB/T 12505 计算机软件配置管理计划规范；

（6）GB/T 16680 软件文档管理指南；

（7）GB/T 8567 计算机软件产品开发文件编制指南；

（8）GB/T 9385 计算机软件需求说明编制指南；

（9）GB/T 9386 计算机软件测试文件编制规范；

（10）GB/T 1526 信息处理、数据流程图、程序流程图、系统流程图、程序网络图和系统资源图的文件编制符号及约定；

（11）GB/T 17544 信息技术、软件包、质量要求和测试。

第三节　平台设计与开发运行环境

一、平台设计

依据具体的需求分析，决定采用 Browser/Server 的方式，以图形化的 WebGIS 为主要操作方式，结合传统菜单和功能树交互操作，将系统建成资源共享又可灵活延展的实用应用系统（图 3-2）。

二、硬件环境

（1）服务器端。

为了满足系统对数据量、用户数和服务器处理能力和网络流量的需求，我们建议系统服务器选用专用服务器机型（如 IBM Zpro 服务器），要求至少 2G 以上的内存，配备 100M/1000M 网卡。

另外考虑到数据的安全性和可靠性，应采用双电源、双硬盘、硬件智能容错控制卡，并且每个服务器配置一个备份服务器。

图 3-2 系统平台界面设计示意

（2）客户机端。

相对而言，客户机的配置可以稍微低一些，可选用各种主流计算机，配备 100M/1000M 网卡和其他辅助配件。

三、软件环境

（1）服务器端。

①操作系统：Windows Server 2003/ Windows Server 2008 以上版本。

②数据库及数据模型：Oracle 11G 企业版、PDM。

（2）客户端。

①操作系统：WinXP/Win7 或以上版本。

②浏览器：IE7 或以上版本。

（3）开发语言。

①服务器端：C#、Asp. net 语言等。

②客户端：JavaScript 或 C#。

（4）开发工具。

①Microsoft Visual Studio 2010。

②TOAD。

③Extjs。

④Flex。

（5）图形系统。

①GeoKitDraw。

②GeoOffice（图形库）。

③ArcGIS。

（6）应用工具。

①数据库建模工具：Power Designer。

②软件建模工具：Rose/Visio。

③项目管理工具：Microsoft Project。

④过程控制工具：VSS。

⑤测试工具：Numega。

⑥GIS 系统：UGIS（说明：该 GIS 为中国石油自研 GIS 系统）。

⑦Office 软件（2010 及以上）。

⑧Adobe Acrobat。

（7）技术标准：.net Frame 2.0，XML，COM 标准。

（8）元数据标准：RDF。

第四章 油气资源评价数据库 技术方案

油气资源评价数据库实际上包含结构化的数据（如盆地/区带基础信息、烃源岩数据、储层数据、储量数据等）和非结构化的图形、文档等。在资源评价工作中，虽然它们都是作为某种形式的数据存在于数据库中，但为了表述这两种数据的差异，我们往往会将数据库的概念狭义化，即说到数据库时潜意识是指结构化的数据构成的库，而对所有图形的集合使用图形库这样的称呼，甚至还可将文档的集合称为文档库等。读者需要注意的是，在数据库这个整体中实际上并不一定存在单独的某某库，但这种的表述有时会令我们更容易理解和区分不同的数据形式和数据类别。由于图形在基于GIS的架构中至关重要，其和结构化数据又有很大的差别，因此对这两种类型数据需要设计不同的存储、访问和管理方案。本章对结构化数据管理的技术方案进行说明，在后面章节中则在假想存在一个图形库的基础上进一步对资源评价相关图形的管理方案进行阐述。

第一节 数据库结构设计

从业务需求上，根据数据用途、数据类型和数据来源，可将油气资源评价数据库分为四级：系统库、基础库、参数库和成果库。其结构如图4-1所示。

一、系统库

系统库是支持资源评价数据库、图形库的底层数据库，主要包括：
（1）空间数据库。管理资源评价空间对象数据。
（2）系统数据库。管理数据库应用规则、数据原始描述等数据内容。

二、基础库

基础库包括油气资源评价工作最基础的原始数据，有实测数据（物探数据、测井

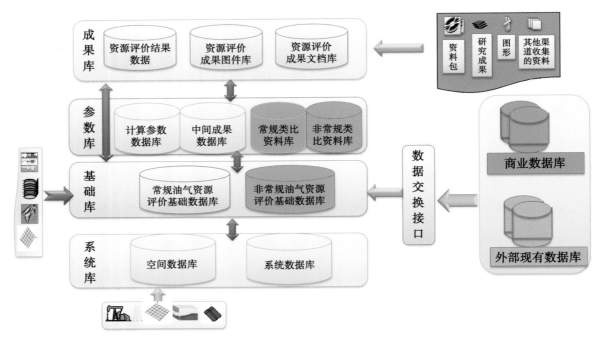

图 4-1 数据库分级结构及数据流向图

数据、钻井数据、开发数据等)、实验数据和经验数据等。主要数据内容如下。

1. 常规油气资源评价基础数据库

(1) 评价单元。

①基础信息;

②地质条件属性信息;

③资源量。

(2) 计算单元。

①烃源条件;

②储集条件;

③盖层条件;

④圈闭条件;

⑤保存条件;

⑥配置条件;

⑦勘探历程;

⑧勘探工作量成果;

⑨油气藏。

2. 非常规油气资源评价基础数据库

(1) 油砂资源评价基础数据。

（2）油页岩资源评价基础数据。

（3）煤层气资源评价基础数据。

（4）页岩气资源评价基础数据。

（5）致密油资源评价基础数据。

（6）天然气水合物资源评价基础数据。

三、参数库

参数库用于存储油气资源评价工作所用到的参数数据，评价软件直接从参数库中提取参数数据，用于计算。参数数据由基础数据汇总而来，也可以由专家根据经验直接得到。

资源评价所涉及的参数大致可以分为以下几类：直接应用的参数、通过标准或类比借用的参数、通过研究过程或复杂的预处理得到的参数。数据内容包括：

（1）常规油气资源评价参数数据库。

①统计法评价参数；

②盆地模拟法计算参数；

③刻度区；

④类比标准参数。

（2）非常规油气资源评价参数数据库。

①油砂资源评价参数数据；

②油页岩资源评价参数数据；

③煤层气资源评价参数数据；

④页岩气资源评价参数数据；

⑤致密油资源评价参数数据；

⑥天然气水合物资源评价参数数据。

四、成果库

成果库用于存储资源评价结果，包括各种计算结果、各种文档、电子表格、图片、图册等数据。主要数据内容包括：

（1）常规油气资源评价结果数据；

（2）非常规油气资源评价结果数据；

（3）资源评价成果文档数据。

第二节　对　象　类　型

根据数据结构分类方式，进行实体划分。实体对象分类主要包括：评价执行对象类、指标对象类、成果汇总对象类。划分结构如图 4-2 所示。

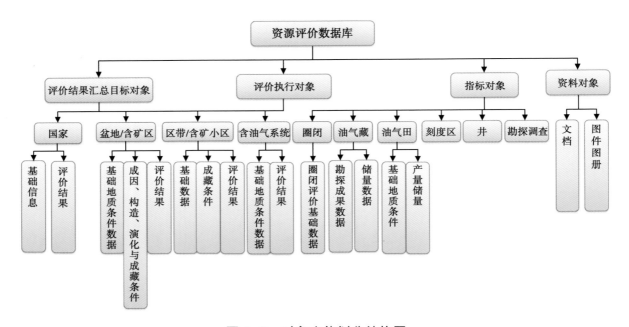

图 4-2　对象实体划分结构图

具体资源评价数据库对象主要包括以下实体对象：

（1）评价目标（评价单元）。

①全球大区；

②国家；

③油气省；

④盆地/含矿区；

⑤构造单元（一级、二级构造）/含矿分区、含矿小区；

⑥区带（分层）；

⑦区块。

（2）评价资源类型（计算单元）。

①常规油气计算单元；

②煤层气计算单元；

③油砂计算单元；

④油页岩计算单元；

⑤致密油计算单元；

⑥致密砂岩气计算单元；

⑦页岩气计算单元；

⑧天然气水合物计算单元。

第三节 对象物理设计

数据库物理数据表汇总见表4-1。

表4-1 数据库物理数据表汇总

对象类型	数据表名称	数据表标题
大区/国家	DQ_JCXX	地区基础信息
	GJ_JCXX	国家基础信息
	GJ_HZ_ZYL	国家油气资源量汇总信息
	GJ_FLHZ_JC	国家油气资源量分类汇总基础信息
	GJ_FLHZ_ZYL	国家油气资源量分类汇总数据信息
	GJ_FLFB	国家油气资源量分类分布信息
	GJ_FLFB_ZLY	国家油气资源量分类分布资源量信息
	DQ_HZ_ZYL	大区油气资源量汇总信息
	GJ_YFXCL	国家油气已发现储量信息
	DQ_YFXCL	大区油气已发现储量信息
盆地	PDGJGX	盆地国家关系
	BASIN_JCSJ	盆地概要信息表
	BASIN_DZTZ	盆地地质特征概要信息表
	BASIN_GZTZ	盆地构造特征数据表
	BASIN_DCDY	盆地地层单元表
	BASIN_DCYX	盆地地层岩性信息表
	BASIN_DCYX	盆地烃源基础数据表
	BASIN_CCSJ	盆地储层基础数据表
	BASIN_GCSJ	盆地盖层基础数据表
	BASIN_PZSJ	盆地配置条件数据表
	BASIN_ZYXX	盆地油气资源现状信息
	BASIN_HZ_ZYL	盆地油气资源量汇总信息
	BASIN_FLFB	盆地油气资源量分类分布信息

对象类型	数据表名称	数据表标题
盆地	BASIN_ FLFB_ ZLY	盆地油气资源量分类分布资源量信息
	BASIN_ DOC	盆地文档
	BASIN_ IMAGE	盆地图形
	BASIN_ FLHZ_ JC	盆地油气资源量分类汇总基础信息
	BASIN_ FLHZ_ZYL	盆地油气资源量分类汇总数据信息
区带	QD_ JCSJ	区带基本属性数据
	QD_ DZTJ	区带地质条件数据
	QD_ TYCSSJ	区带烃源条件数据
	QD_ STSJ	区带生烃基础数据表
	QD_ CCSJ	区带储层单元数据
	QD_ CCDYZCSJ	区带储层单元组成数据
	QD_ CCDYSJ	区带储层条件数据
	QD_ GCSJ	区带盖层数据
	QD_ GCZCSJ	区带盖层组成数据
	QD_ GCDYSJ	区带盖层条件数据
	QD_ BCSJ	区带保存条件数据
	QD_ QBSJ	区带圈闭条件数据
	QD_ PZSJ	区带配置条件数据
	QD_ HZ_ ZYL	区带油气资源量信息
	QD_ GJFP_ ZYL	区带油气资源量国家分配信息
	QD_ KTLC	勘探历程数据表
	QD_ KTCG	勘探成果数据表
	QD_ DOC	区带文档
	QD_ IMAGE	区带图形
	QD_ YFXCL	区带油气已发现储量信息
	QD_ MTKLFB_ ZYL	区带蒙特卡洛分布信息
	QD_ YQC_ HEADER	油气藏基础数据
刻度区	KDQ_ JCSJ	刻度区基础数据
	KDQ_ TYSJ	刻度区烃源数据
	KDQ_ YQFD	刻度区油气丰度
	KDQ_ PZSJ	刻度区配置条件
	KDQ_ ZYLSJ	刻度区资源量数据
	KDQ_ GCSJ	刻度区盖层数据
	KDQ_ CCSJ	刻度区储层数据
	KDQ_ QBSJ	刻度区圈闭数据

续表

对象类型	数据表名称	数据表标题
评价方法	LBF_ZBTX_JCSJ	类比法指标体系基础数据
	LBF_ZBTX_CSSJ	类比法指标体系参数数据
	LBF_ZBCSSJ	类比法指标参数数据
	QD_Y_KDQFZ	区带对应油刻度区分值结果
	QD_Q_KDQFZ	区带对应气刻度区分值结果
	QD_Y_LBQFZ	区带油类比区分值结果
	QD_Q_LBQFZ	区带气类比区分值结果
	TJF_PJCS	盆地统计法评价参数
	QD_FXGC	发现过程参数数据
	QD_YCGMXL_Y	油藏预测规模序列数据
	QD_CLXL	区带储量序列数据

第四节 对象关系

（1）评价单元对象关系，见图4-3。

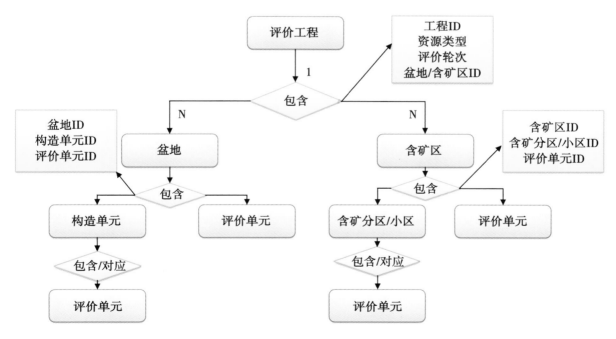

图4-3 评价单元对象关系图

（2）评价目标对象关系，见图 4-4。

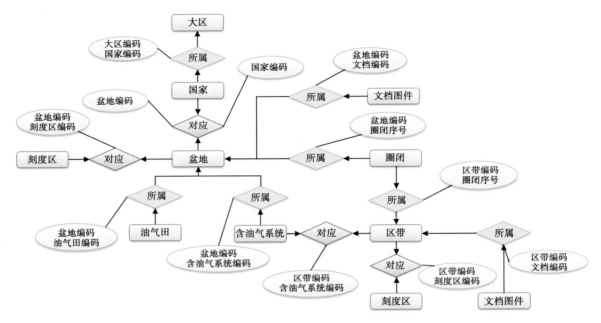

图 4-4　评价目标对象关系图

（3）区带实体关系，见图 4-5。

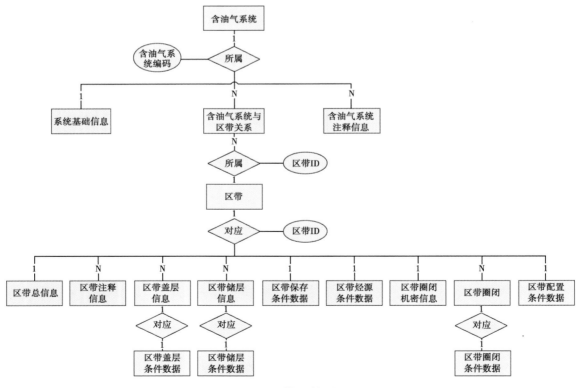

图 4-5　区带实体关系图

（4）类比参数对象关系，见图4-6。

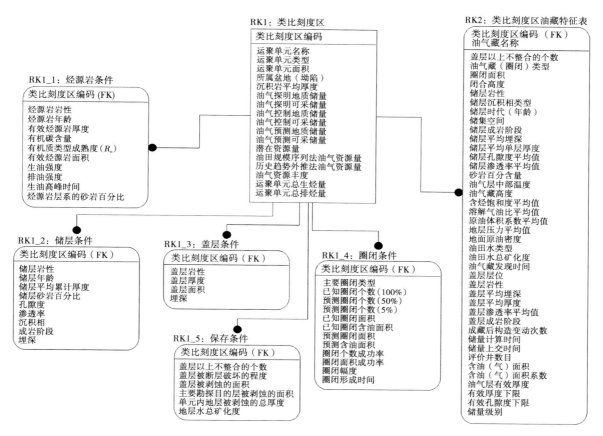

图 4-6 类比参数对象关系图

第五节 编 码 方 案

资源评价数据库包含的编码均采用12位数字组合码，组合码部分采用编码规则，其余则采用顺序码。组合码编码规则如下。

一、国家编码

国家编码采用12位数字组合码，编码规则：前四位为大区（洲）编码，中间六位为标准国家编码，后面两位为扩展码（顺序号）。

位码解析：XXXX XXXXXX XX

　　　　　　大区编码　国家标准码　扩展码

[实例] 中国：100700860000

二、盆地编码

盆地编码采用 12 位数字组合码，前两位为标识码［常规含油气盆地为 10；非常规含油气盆地为 20（煤层气）、30（油砂）、40（油页岩）、50（致密油）、60（页岩气）、70（天然气水合物）］，中间八位为标准构造单元编码，后两位为扩展码。

位码解析：<u>XX</u>　　<u>XXXXXXXX</u>　　<u>XX</u>
　　　　　　标识码　构造单元编码　扩展码

［实例］渤海湾盆地：101301000000
　　　　　辽河坳陷：101301010000
　　　　　煤层气含矿区：202600000001

三、区带编码

区带编码采用 12 位数字组合码，前两位为标识码［常规含油气区带为 10，非常规含油气区带为 20（煤层气）、30（油砂）、40（油页岩）、50（致密油）、60（页岩气）、70（天然气水合物）］，中间八位为标准区带顺序码，后两位为扩展码。

位码解析：<u>XX</u>　　<u>XXXXXXXX</u>　　<u>XX</u>
　　　　　　标识码　区带顺序码　扩展码

［实例］花海：100000000100
　　　　　煤层气含矿区 1 区带：200000000100

四、计算单元编码

计算单元编码采用 12 位数字组合码，前两位为标识码［常规含油气计算单元为 10，非常规含油气计算单元为 20（煤层气）、30（油砂）、40（油页岩）、50（致密油）、60（页岩气）、70（天然气水合物）］，后十位为计算单元顺序码。

位码解析：<u>XX</u>　　<u>XXXXXXXXXX</u>
　　　　　　标识码　计算单元顺序码

［实例］花海 Es_1 计算单元：100000000001
　　　　　煤层气含矿区 1 区带 2 计算单元：200000000002

五、刻度区编码

刻度区编码采用 12 位数字组合码，前两位为标识码［常规含油气刻度区为 10，非常规含油气刻度区为 20（煤层气）、30（油砂）、40（油页岩）、50（致密油）、60（页岩气）、70（天然气水合物）］，后十位为刻度区顺序码。

位码解析：<u>XX</u>　　<u>XXXXXXXXXX</u>
　　　　　　标识码　　刻度区顺序码

［实例］兴隆台刻度区：100000000001

六、资源量序列编码

资源量序列编码采用 12 位数字组合码，前两位为标识码［以刻度区为例：常规含油气刻度区为 10，非常规含油气刻度区为 20（煤层气）、30（油砂）、40（油页岩）、50（致密油）、60（页岩气）、70（天然气水合物）］，中间两位为资源类型码，后八位为资源量顺序码。

位码解析：<u>XX</u>　　<u>XX</u>　　<u>XXXXXXXX</u>
　　　　　　标识码　类型码　资源量顺序码

七、枚举/索引编码

枚举属性索引对象编码，统一采用 12 位数字组合码，一般按照层次构成。如果有层次，则四位一个层次，最多三层，每层的四位组合码均为顺序码，起始位码为 1；如果没有层次则统一以 10000000000 为起始，进行序列编码。

其他各个对象编码统一采用 12 位顺序码，统一以 10000000000 为起始，进行序列编码。

第六节　数据库管理方法

一、基础数据库管理方法

基础数据库的建设需不断补充，是数据库中工作量最大，涉及用户、单位最广的部分。要保证参数计算的准确性，满足评价工作的日常处理任务的需要，必须重视基础数据库的管理流程，包括数据录入、数据传输、数据处理、数据库迁移等工作的管理方式。

大量的基础数据来源于早期资源评价（如三次资源评价）数据库和各基层单位，研究人员不可能自己去收集、整理、录入这些数据，这些数据只能交由基层单位，按照既定的基础数据库结构，去录入所需的数据。在各专题研究小组统一使用一套数据库系统，用于接收基层报来的基础数据。

二、参数数据库管理方法

有了基础数据库后，需要对参数数据进行预处理，将处理过的参数数据存入到参数数据库中，为资源评价计算提供所需的参数数据。参数的处理过程主要由专题研究组来完成，另外有些参数数据来源于研究人员在研究过程中产生的经验值或实验室数据。参数的存储使用也分两个用途：

（1）专题研究小组使用。

用于小组的专题研究计算用。

（2）评价项目组使用。

集成各专题小组的参数数据，作为一个大的中心数据库，统一存放评价工作所需要的参数数据。

三、成果数据库管理方法

存储资源评价的所有报告、图册等非结构化数据。由于研究成果可能非常多，不可能集中在一个地方统一录入，一般先由各专题组独立将自己的成果转入到本专题组的数据库中，最后全部提交到领导小组的中心数据库，统一进行管理。

数据库的管理流程如图4-7所示。

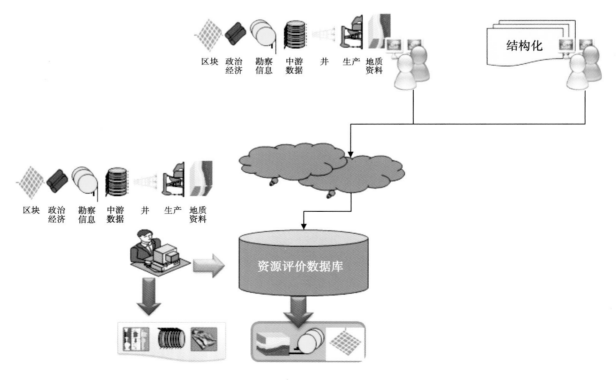

图 4-7　数据管理流程图

第五章 油气资源评价
图形库技术方案

本章对资源评价相关图形的管理方案进行说明，主要包括图形对象实体划分、GIS概念和架构下的图形应用模型、如何设计图形库结构实现有效管理和展示图件等。

第一节 图形库结构设计

图形库管理资源评价工作所产生的图形数据内容，图形数据按照对象划分主要包括空间数据图层、图件数据和图形描述数据（图5-1）。

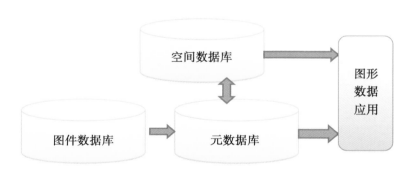

图5-1 图形库结构图

一、数据图层

管理构成图形的基础数据单元，数据以空间数据形式存储和管理。主要数据内容包括：资源评价基础图形（矢量图）和评价成果图形所包含的构成图形的基础图层单元。图层分为两类。

1. 基础公共图层

（1）基础地理。

①行政区划；

②交通；

③铁路；

④公路；

⑤河流。

（2）油气地理。

①盆地；

②构造单元（一级）；

③油气田；

④井；

⑤工区；

⑥油气管线；

⑦地质构造；

⑧含矿区；

⑨含矿分区。

2. 专题图层

（1）区带分布。

（2）构造单元（二级）。

（3）计算单元划分。

（4）分层构造。

（5）各个项目研究和评价所绘制的用户专题图层。

二、图件数据库

管理图形数据的原图数据和工程文件数据以及图形数据组成的结构数据。主要数据内容包括：

（1）非矢量格式图形。

①位图；

②PDF；

③GeoTif；

④实物照片。

（2）特殊矢量格式图形。

①CGM 图形；

②图元文件；

③等值图网格数据；

④卫星图片；

⑤非标准要求的图件。

三、图形描述数据库

管理图形的基础描述信息，包括图形名称、来源、编图人等描述图形的应用属性信息；图形描述中提供图形数据和空间对象与数据库中的评价对象建立联系，主要数据内容包括：

（1）图形元数据描述。

（2）图层元数据描述。

（3）图册元数据描述。

（4）其他图形元素元数据描述（符号、投影等）。

第二节 图形库对象设计

一、图形库对象实体划分

图形库对象划分主要依据图形库对象管理模式和应用模式以及空间数据对象进行划分（图5-2）。

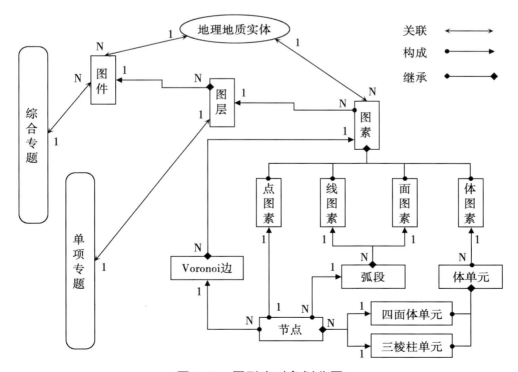

图 5-2 图形库对象划分图

具体对象划分如下：

（1）空间地理对象（图层）。

①盆地；

②构造单元；

③区带；

④含矿区；

⑤含矿分区；

⑥含矿小区；

⑦评价单元；

⑧油气田；

⑨井；

⑩地层区。

（2）空间实体对象（图元）。

①点；

②线；

③面。

二、图形库元数据对象设计

元数据设计模型如图 5-3 所示。

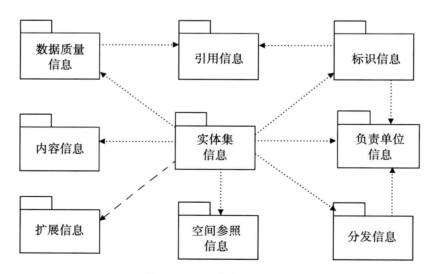

图 5-3　元数据设计模型

1. 对象划分

图形实体对象包括：

（1）图册；

（2）图件；

（3）图层。

2. 物理设计

（1）空间数据图层物理设计（表5-1）。

表5-1 空间数据图层物理设计

序号	类型			数据表名称
1	标准通用图层	点		GEO_PT
2		线		GEO_PL
3		面		GEO_PG
4		文字		GEO_TXT
5	自然地理	线	水系（一级）	GEO_PL_REVER1
6			水系（二级）	GEO_PL_RIVER2
7			区域边界	GEO_PL_AREA
8		面	自然区域	GEO_PG_AREA
9			湖泊	GEO_PG_LAKES
10	行政地理	点	城市	GEO_PT_CITY
11			区县	GEO_PT_TOWN
12			村庄	GEO_PT_VILLAGE
13		线	公路	GEO_PL_HIGHWAY
14			铁路	GEO_PL_RAILWAY
15			政区边界	GEO_PL_DISTRICT
16		面	国家	GEO_PG_COUNTRY
17			省	GEO_PG_PROVINCE
18			区县	GEO_PG_PRFECTURE
19	油气地理	点	露头	GEO_PT_OUTCROPS
20			炮点	GEO_PT_SP
21			油气设施	GEO_PT_OG_FACILITIES
22			油苗	GEO_PT_DEPRESSION
23			油气田	GEO_PT_FIELD
24		线	构造边界	GEO_PL_TECTONIC
25			油田边界	GEO_PL_FIELD
26			工区边界	GEO_PL_WORKAREA
27			圈闭边界	GEO_PL_TRAP

序号	类型			数据表名称
28	油气地理	面	盆地	GEO_PG_BASIN
29			坳陷（一级构造）	GEO_PG_DEPRESSION
30			凹陷（二级构造）	GEO_PG_SUNKEN
31			洼陷（三级构造）	GEO_PG_SAG
32			油气田	GEO_PG_FIELD
33			圈闭	GEO_PG_TRAP
34			储层单元（油藏）	GEO_PG_RESVIOSE
35			区块	GEO_PG_BLOCK
36		特殊类型	井位（点）	GEO_PT_WELL
37			断层线（线）	GEO_PL_FAULT
38			测线（线）	GEO_PL_SURVEYLINE
39			水深线（线）	GEO_PL_DWL

（2）图形元数据管理对象设计（表5-2）。

表5-2　图形元数据管理对象设计

类型	数据表名称	数据表标题
图形描述	File_Manager_Main	图件信息表
	File_Manager_List_Data	图形组成内容信息表
	FILE_Volume_Manager_Legend	图件图例信息表
	File_Volume_Manager_Cutline	图件说明信息表
	File_Legend_Header	图例信息表
	Map_Layer_Header	图层信息表
	Map_Layer_Legend	图层符号信息表
	Map_Layer_TYPE_INDEX	图层类型信息
	Map_User_Data	图形用户分发信息
	Map_Layer_User_Data	图层用户分发信息
空间图层	基于 Oracle 的空间数据	
图形数据	基于应用服务器的图形文件服务器	

（3）实体关系（图 5-4）。

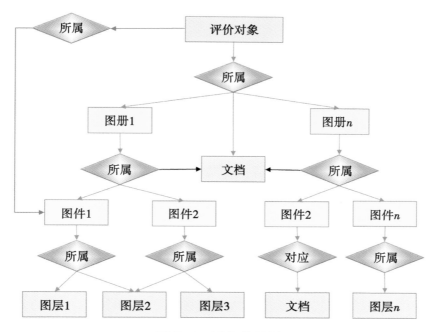

图 5-4　实体关系图

第三节　图形库应用模型

大量的图形数据来源于之前的资源评价数据库和各基层单位，这些数据交由基层单位和评价项目组按照既定的图形库结构，去录入所需的数据（图 5-5）。

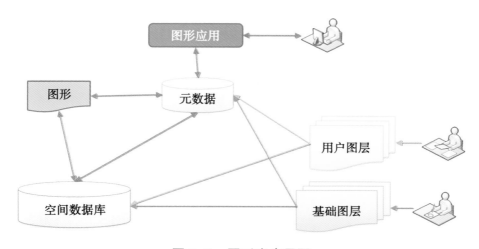

图 5-5　图形库应用图

矢量图形数据浏览输出主要采用图形动态生成模式进行，根据图形的构成描述，结合图形样式描述，动态生成图形进行输出（图5-6）。

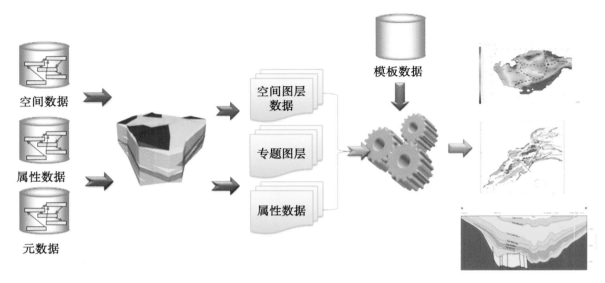

图5-6　图形输出示意图

依据空间统计分析模型，进行资源评价数据成果空间统计分析和发布展示（图5-7）。

图5-7　资源评价数据空间统计分析和发布展示

第四节　图形数据规范设计

一、图形数据结构

资源评价图形数据为统一明码格式，格式名称为 GeoKitDraw 的 GKT 格式文件，文件采用全明码文本进行描述。

二、兼容图形格式要求

（1）所涉及的图形为具有投影的矢量图形。

（2）主要图形能够分解为组成图层的文件或数据。

（3）比例尺要求：

①区域地质图为 1∶10000；

②盆地级构造划分图为 1∶10000；

③区带级构造图为 1∶1000。

（4）图形文件包括原始图形数据/文件和统一的交换格式数据文件，图形数据交换文件格式为 GKT 明码格式文件（GeoKitDraw 明码）。

（5）图形库支持的矢量图形格式包括：GeoMap3.6，Double Fox7.0，MapGIS6.5；

相关的分析图版、地震剖面和专业图形（对比图、剖面图等）采用位图和原始文件并行管理。

第六章 油气资源评价数据库管理系统设计

数据库系统从根本上来说，就是为了对各种类型的数据进行有效管理。设计高效、合理的系统结构，完善、实用的功能，是数据管理系统的关键。本章从系统体系结构、逻辑结构、拓扑结构、系统部署、系统应用流程、界面、功能、安全性等方面对数据库管理系统的设计进行全方位的说明。

第一节 系统架构体系设计

一、系统体系结构

系统采用基于数据库层、数据服务层、应用层和表示层的标准多层体系结构，每一层的构成单元可为其上层构成单元提供相关服务。

（1）数据库层：资源评价数据库、图形库。

（2）数据服务层：包括数据访问接口和系统底层框架。主要为数据库层提供数据入口通道和访问服务，解析各个应用服务的数据要求规则，进行数据组织、处理和提取，提供数据出口通道和访问服务，主要包括面向数据和面向应用的两个逻辑层；为模块应用提供运行支撑。

（3）应用层：系统的业务处理和功能应用层，主要包括数据管理、信息发布、查询统计、数据服务和系统管理等应用模块。

（4）表示层：网站门户和用户交互界面。

各层之间相互关系及系统结构如图6-1所示。

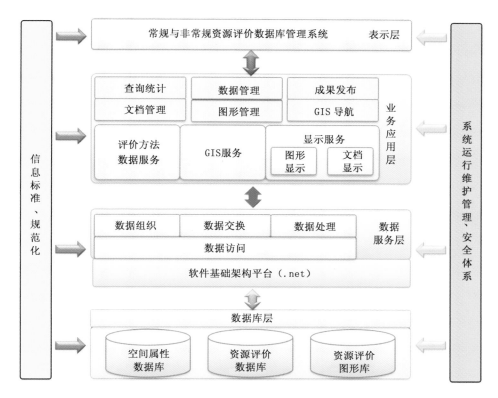

图 6-1 系统体系结构图

二、系统逻辑结构

系统由 12 个主要逻辑模块构成，包括：

（1）资源评价数据库、图形库；

（2）资源评价数据库管理系统主平台；

（3）GIS；

（4）数据管理；

（5）成果管理；

（6）图形管理；

（7）方法数据服务；

（8）外部数据交互接口；

（9）系统管理；

（10）数据应用服务；

（11）数据访问；

（12）外部数据库交换接口。

系统逻辑结构如图 6-2 所示。

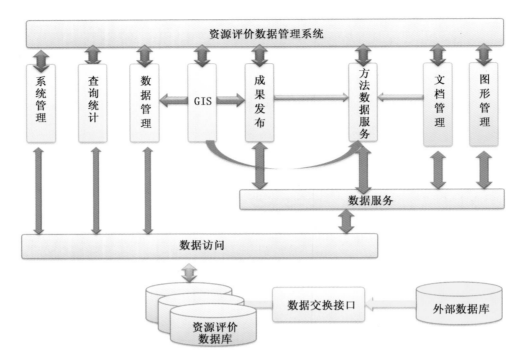

图 6-2　系统逻辑结构图

三、系统拓扑结构

系统基于开放的网络系统，采用标准 B/S 体系结构模式。在物理拓扑结构上，采用多个客户端计算机通过局域网与服务器计算机互连。系统物理拓扑结构如图 6-3 所示。

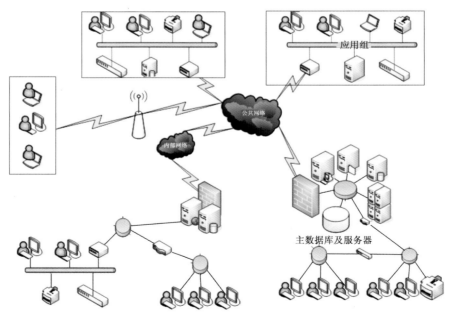

图 6-3　系统物理拓扑结构图

四、系统部署设计

以 TCP/IP 协议为主流协议规划系统网络汇接平台，汇接层为用户提供网络链接服务，进行数据交换、文档资料等应用服务支持。系统部署设计如图 6-4 所示。

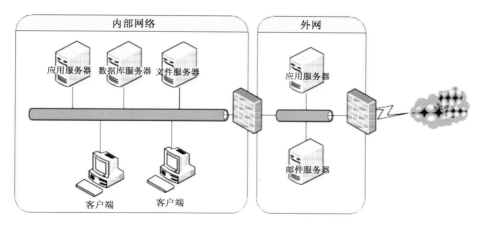

图 6-4　系统部署设计图

五、系统流程设计

系统应用流程主要是围绕数据管理系统传统的应用流程，具体流程如图 6-5 所示。

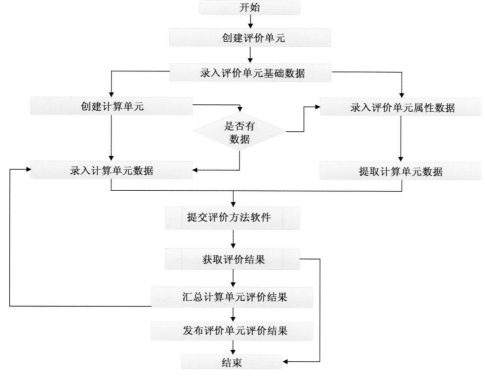

图 6-5　系统评价应用流程图

系统总体应用流程示意见图 6-6。

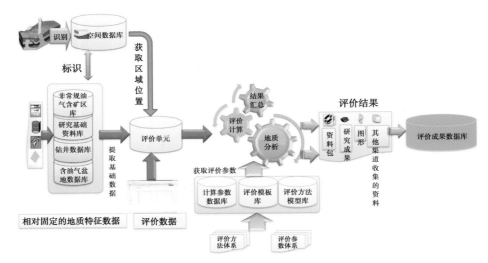

图 6-6　系统总体应用流程示意图

六、界面设计

油气资源评价数据管理系统软件的总体界面是以基于 Web 的动态交互页面为主体，系统以基于 WebGIS 的图形导航和传统菜单、目标功能导航的混合型交互动态页面，同时，采用 AJAX 和 EXTJS 以及 FLAX 等胖客户操作模式为主要应用交互模式。具体界面设计如下：

（1）系统框架主平台界面设计（图 6-7）。

图 6-7　系统主界面

（2）数据管理界面设计（图6-8）。

图6-8 数据管理界面

（3）评价专题管理界面设计（图6-9）。

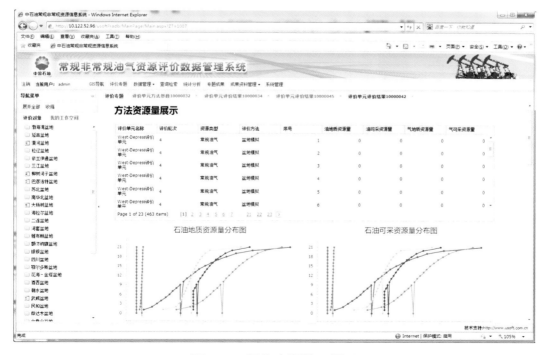

图6-9 评价专题管理界面

第二节 功 能 设 计

系统主要包括数据管理、成果管理、WebGIS、查询检索、统计分析、评价方法数据服务接口、系统管理等七个主要功能模块，功能结构如图 6-10 所示。

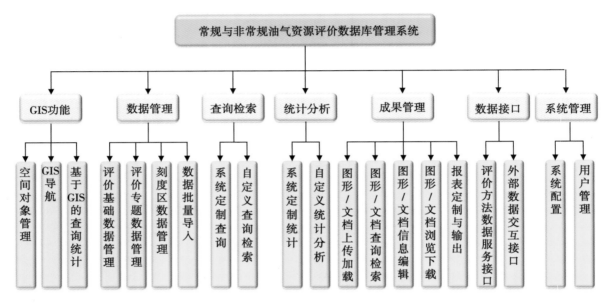

图 6-10 系统功能结构图

一、数据管理

1. 数据基础管理模块

评价数据管理模块包括评价基础数据、评价专题数据、刻度区数据、数据批量导入等四类数据管理模块，是针对资源评价数据库中的所有数据表的管理，采用单数据表管理的方法进行，包括数据加载、修改、删除、批量导入、数据检索和数据输出几个方面的功能。如图 6-11 所示。

2. 数据查询检索模块

数据查询统计主要是提供数据查询检索功能，主要包括：

（1）条件查询；

（2）层次查询；

（3）自定义查询；

（4）研究参数数据组织、输出服务。

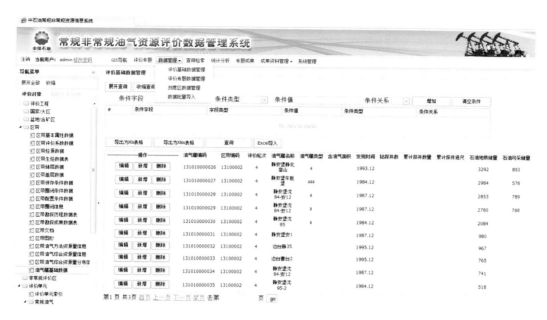

图 6-11 评价数据管理模块页面

该模块包括评价基础数据、评价专题数据、刻度区数据等定制、自定义两种方式的查询检索功能，导航栏显示不同的评价专题，右面工作窗口会显示相应对象的检索条件及检索结果表，如图 6-12 所示。

图 6-12 查询检索模块页面

3. 基于 WebGIS 的数据统计分析模块

数据统计分析模块主要是提供数据参数和评价结果的统计分析功能，主要包括：

（1）定制统计；

（2）自定义统计；

（3）关键参数分析。

4. 报表输出模块

提供定制的数据报表管理功能，主要包括：

（1）报表定义；

（2）报表编辑；

（3）报表输出打印。

二、GIS 模块

1. GIS 查询统计

基于 WebGIS 的查询统计，包括盆地级地质单元信息、一级地质单元信息查询统计，以下分别介绍这两个功能模块。

1）盆地级地质单元查询统计

先用鼠标左键单选某个盆地，如图 6-13 所示：如渤海湾盆地、松辽盆地、鄂尔多斯盆地、四川盆地、柴达木盆地、塔里木盆地、准噶尔盆地等任意一个。

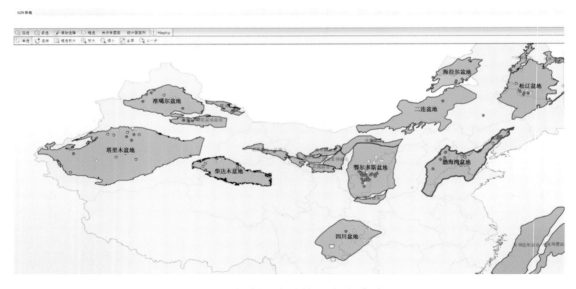

图 6-13　盆地级地质单元查询统计页面

然后点击鼠标右键，弹出查询统计功能菜单（图 6-14）。

（1）常规评价单元统计。

统计所选盆地包含的常规评价单元信息，主要包括区带的名称、资源类型、总数等，如图 6-15 所示。

图 6-14   盆地级地质单元查询统计功能菜单

统计结果

序号	区带名称	区带类型
1	静安堡构造带	油和气
2	前进—荣胜堡构造带	油和气
3	边台—法哈牛构造带	油和气
4	静西陡坡带	油和气
5	牛心坨构造带	油和气
6	曙北高升构造带	油和气
7	冷东—雷家构造带	油和气
8	兴隆台构造带	油和气
9	双台子构造带	油和气
10	欢曙斜坡带	油和气

Page 1 of 3 (21 items) < [1] 2 3 [>]

图 6-15   常规评价单元统计信息

（2）非常规评价单元统计。

统计所选盆地包含的非常规评价单元信息，主要包括七种资源类型的非常规评价区的名称、资源类型、总数等，如图 6-16 所示。

统计结果

序号	评价区名称	评价区类型
1	雷家致密油	致密油
2	评价区1	未知
3	测试工区价区	页岩气
4	测试工区评价区	
5	测试区	
6	test	常规油气
7	2	常规油气
8	Eagle Ford Oil Play	致密油
9	Elm Coulee-Bakken	致密油
10	Garrington-Cardium	致密油

Page 1 of 2 (15 items) < [1] 2 >

图 6-16　非常规评价单元统计信息

（3）常规刻度区查询统计。

统计所选盆地包含的常规资源刻度区信息，主要包括刻度区的名称、总数、地质信息、评价参数、资源量等信息，如图 6-17 所示。

统计结果

序号	刻度区名称	油气标志	刻度区级别	刻度区类型	刻度区面积	刻度区所属上级构造单元名称	所属盆地类型
1	刻度区1	油气			800	0086011301010100	
2	刻度区3	油			91	0086011301010240	
3	刻度区4	油	区块	深断裂带——火山爆发相和溢流相组合	94	0086011301000000	裂陷型盆地
4	刻度区5	油	区块	多断裂系缓坡——湖侵和高位辫状河三角洲、水下扇组合	240	0086011301000000	裂陷型盆地
5	刻度区6	油气	区块	裂谷盆地盖层	800	0086011301000000	裂陷型盆地
6	刻度区7	油气	运聚单元	断陷缓坡带构造型	948	0086011301000000	裂陷型盆地
7	刻度区8	油	区块级	盆内古潜山岩壳型	160	0086011301000000	裂陷型盆地
8	刻度区9	油气	运聚单元	断陷中央构造型	190	0086011301000000	裂陷型盆地
9	刻度区10	油	区块	盆内古隆起裂缝型	190	0086011301000000	裂陷型盆地
10	刻度区11	油气	运聚单元	断陷陡坡带构造	168	0086011301000000	裂陷型盆地

Page 1 of 2 (15 items) < [1] 2 >

图 6-17　常规资源刻度区统计信息

（4）非常规资源刻度区查询统计。

统计所选盆地包含的非常规资源刻度区信息，主要包括刻度区的名称、总数、地质信息、评价参数、资源量等信息，如图 6-18 所示。

序号	刻度区名称	刻度区类型
1	长宁页岩气解剖区	区块
2	雷家致密油刻度区	
3	四川盆地	
4	10101	
5	99999	长垣构造带

统计结果

图 6-18 非常规资源刻度区统计信息

（5）常规资源量统计。

统计所选盆地的常规资源量信息，包括石油、天然气资源的地质资源量、地质可采资源量、剩余地质资源量、剩余地质可采资源量等信息及其以直方图显示的资源量，如图 6-19 所示。

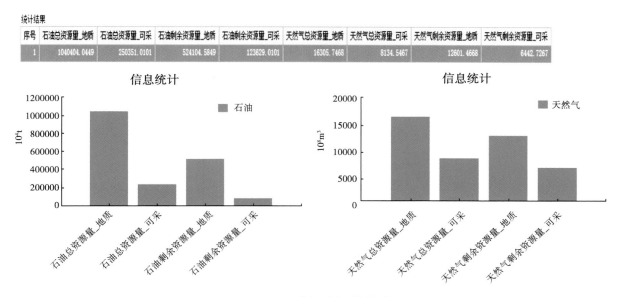

序号	石油总资源量_地质	石油总资源量_可采	石油剩余资源量_地质	石油剩余资源量_可采	天然气总资源量_地质	天然气总资源量_可采	天然气剩余资源量_地质	天然气剩余资源量_可采
1	1040404.0449	250351.0101	524104.5849	123629.0101	16305.7468	8134.5467	12601.4668	6442.7267

统计结果

图 6-19 常规资源量统计

（6）非常规资源量统计。

统计所选盆地的非常规资源量信息，包括七类非常规资源的地质资源量、地质可采资源量、剩余地质资源量、剩余地质可采资源量等信息及其以直方图显示的资源量，如图 6-20 所示。

统计结果

序号	资源类型	总资源量_地质	总资源量_可采	剩余资源量_地质	剩余资源量_可采
1	致密油	43567.81	18979.81	23237.81	12655
2	煤层气	234340.78	23489.78	345411.78	32489.78
3	页岩气	45562.72	452549.72	20306.72	20306.72

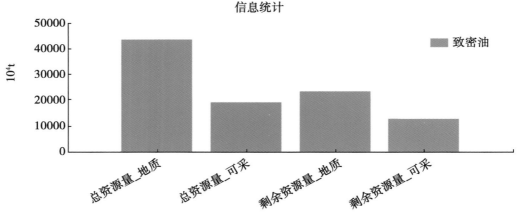

图 6-20　非常规资源量统计

（7）常规评价单元基础信息查询。

显示所选盆地包含的常规油气评价单元的基础信息，如图 6-21 所示。

统计结果

序号	区带名称	区带类型	石油总资源量_地质	石油总资源量_可采	石油剩余资源量_地质	石油剩余资源量_可采
1	边台一法哈牛构造带	油和气				
2	月海构造带	油和气				
3	铁匠炉-大湾构造带	油和气				
4	笔架岭构造带	油和气				
5	冷东一雷家构造带	油和气				
6	兴隆台构造带	油和气				
7	111					
8	大平房-葵花岛构造带	油和气				
9	qqq7877					
10	欢曙斜坡带	油和气				

Page 1 of 3 (21 items) < [1] 2 3 >

图 6-21　常规评价单元信息查询

（8）非常规评价单元基础信息查询。

显示所选盆地包含的非常规油气评价单元的基础信息，如图 6-22 所示。

2）各盆地一级地质单元查询统计

先用鼠标左键单选某个盆地的一级构造单元（图 6-23）：如渤海湾盆地的辽河坳陷、松辽盆地的西部斜坡区、鄂尔多斯盆地的伊陕斜坡、柴达木盆地的三湖坳陷、塔里木盆地的库车坳陷、准噶尔盆地的西部隆起等一级构造单元。

统计结果

序号	评价区名称	评价区类型	石油总资源量_地质	石油总资源量_可采	石油剩余资源量_地质	石油剩余资源量_可采
1	Eagle Ford Oil Play	致密油	2000	400	600	120
2	Kaybob-Pembina Duvernay	致密油	2000	400	600	120
3	Garrington-Cardium	致密油	2000	400	600	120
4	Elm Coulee-Bakken	致密油	2000	400	600	120
5	test	常规油气				
6	测试工区评价区					
7	Pembina-Cardium	致密油				
8	评价区1	未知				
9	2	常规油气				
10	Viewfield-Bakken	致密油				

Page 1 of 2 (15 items) ＜ [1] 2 ＞

图 6-22　非常规评价单元信息查询

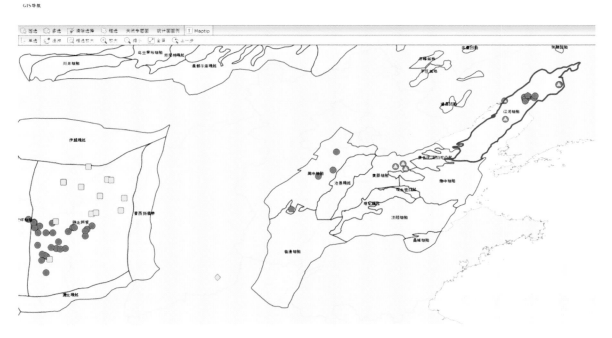

图 6-23　一级地质单元查询统计页面

　　然后点击鼠标右键，弹出如图 6-24 所示的功能选项。查询统计一级构造地质单元的评价单元、刻度区的基础信息和资源量等，操作方法如前所述，不再赘述。

2. 空间统计分析

　　空间统计分析包括全国盆地油气资源分布展示、全国刻度区分布展示，以下分别介绍这两个功能模块。

建昌凹陷

辽河坳陷

石臼坨凸起

渤中坳陷

统计信息 ›
常规评价单元统计
非常规评价单元统计
常规刻度区
非常规刻度区
常规资源量
非常规资源量
常规评价单元基础信息查询
非常规评价单元基础信息查询

图 6-24　一级地质单元查询统计功能菜单

1）全国盆地油气资源分布展示

根据用户选择的资源类型，如图 6-25 所示。

盆地
　盆地资源量
　　常规油气
　　　石油
　　　天然气
　　非常规油气
　　　致密油
　　　致密砂岩气
　　　页岩气
　　　煤层气

图 6-25　资源类型分类树

在主要的 13 大盆地显示其资源量结果直方图，包括地质资源量、可采地质资源量、剩余地质资源量、可采剩余地质资源量等，如图 6-26 所示。

图 6-26　油气资源分布展示图

2）全国刻度区分布展示

创建刻度区图层，显示全国所有刻度区的中心点位置，按照不同的资源类型显示不同图标，并附以图例，如图 6-27 所示。

当鼠标滑入刻度区图标时，显示该刻度区名称，如图 6-28 所示。

根据用户选择的关键参数类型，如图 6-29 所示，显示刻度区该关键参数结果直方图。

图 6-27　刻度区
图标图例

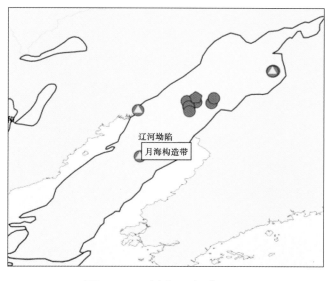

图 6-28　刻度区名称显示

图 6-29　刻度区关键参数
查询功能菜单

三、成果管理模块

资源评价研究成果数据管理，主要包括：

（1）资源量数据汇总；

（2）资源分布数据汇总；

（3）研究成果发布；

（4）研究成果查询统计分析；

（5）研究成果文档、图形资料管理。

四、图形管理模块

图形管理是针对图形库数据的专题管理模块，主要包括：

（1）图形数据上传加载；

（2）描述信息编辑；

（3）编目归类；

（4）查询检索；

（5）浏览下载。

五、数据接口模块

1. 资源评价方法数据服务接口

资源评价方法软件数据服务主要是为资源评价的各个评价方法提供统一的数据交互接口，为评价方法软件提供数据支撑，获取评价方法的计算结果存入数据库。

2. 外部数据交互接口

提供外部数据库（第三次资源评价数据库、勘探开发数据库等油田公司现有的数据库）批量数据交换工具模块和资源评价过程中临时外部数据源的数据交互。

六、系统管理模块

设计开发了按单位、按用户角色、按操作权限等各种层次的用户管理机制，保障数据的安全可控访问，如图 6-30 所示，主要包括：

（1）用户管理。按单位划分可以访问的数据内容，例如区带数据表包含 13 家油田的数据，如果大庆油田的用户登录，不能访问其他油田的区带数据。

（2）权限管理。在上述用户管理的机制下，按用户角色、操作权限、功能权限控制用户对可以访问的数据进行哪些操作，例如大庆油田的用户具有不同的操作权限，如图 6-30 所示的红色框内的权限，具有不同的功能权限，如图 6-30 所示的蓝色框内

✓ 操作权限
✓ 功能权限
✓ 数据权限

图 6-30　用户管理机制

的功能权限。

（3）系统设置。为了实现多层次的用户管理机制，需要将每个数据表的每条数据记录与用户管理、权限管理机制相匹配、关联，实现数据的安全可控访问。

第三节　系统安全性

系统的安全性要求是指在投资限度之内，使整个系统受到有意或无意的非法侵入的可能性尽可能小。

一、操作系统的安全性

操作系统是应用软件开发和运行的基础环境，是整个计算机系统正常工作的核心部分和系统发挥效能的关键因素。操作系统提供了很多的管理功能，主要是管理系统的软件资源和硬件资源，但操作系统软件自身的不安全性，系统开发设计的不周而留下的破绽，都给网络安全留下隐患，所以在计算机网络安全方面主要用实时扫描技术、实时监测技术、防火墙、完整性检验保护技术、病毒情况分析报告技术和系统安全管理技术来保障操作系统的安全性。

（1）建立安全管理制度。对系统管理员和用户进行技术培训，提高他们的安全警惕性和职业道德修养，严格做好开机查毒，及时备份数据。

（2）系统在两台应用环境相同的服务器上独立运行，分别用来做开发调试和发布，使开发环境与应用环境严格分开，保证数据库的独立运行，同时对数据库及时更新备份，保证数据库的安全。

（3）使用相对安全的 Server 2012 操作系统，由专业人员及时查补系统漏洞。

（4）严格对系统运行情况进行记录，及时跟踪发现问题。

二、数据库的安全性

1. Oracle 数据库的备份与恢复

Oracle 数据库的数据保护主要是对数据库进行备份。为了保证数据库数据的安全，应当确保当数据库系统异常中断时或数据库数据存储媒体被破坏时以及数据库用户误操作时，数据库的数据信息不至于丢失。备份与恢复数据库是在意外发生的情况下不可缺少的挽救手段。Oracle 目前的备份与恢复基础架构是业界最强大、最可靠的。它提供了三种备份和恢复手段：物理备份、逻辑备份以及 Oracle 恢复管理器。当服务器发生故障时，可以利用之前对数据库的备份进行数据库恢复，以恢复破坏的数据库文件或控制文件。

逻辑备份是读一个数据库记录集并将记录集写入文件。而物理备份只是拷贝构成数据库的文件但不管其逻辑内容如何。恢复管理器（RMAN）提供的最重要的新特性是能够执行数据文件的增量物理备份，增量物理备份是时间和空间有效的，因为他们只备份自上次备份以来有变化的那些数据块。同时，备份方式分为归档方式或非归档方式。在归档方式下，联机日志被归档，提供完全的时间点恢复，数据不会丢失。而非归档方式是在数据库正常关闭时做备份，把数据库恢复到关闭时的状态。同时，可以在不同磁盘上对控制文件、联机日志和归档日志做两个或者更多的拷贝。

定期对 Oracle 数据库进行备份，一旦出现异常情况，可以利用备份进行不同程度的恢复。如数据文件损坏，只需从备份中将损坏的文件恢复到原位置，重新加载数据库。如果控制文件损坏，只要关闭数据库，从备份中将相应的控制文件恢复到原位置即可。

2. Oracle 数据库的防入侵保护

1）用户安全管理

用户是定义在数据库中的一个名称，它是 Oracle 数据库的基本访问控制机制。当用户要连接到 Oracle 数据库以进行数据访问时，必须要提供合法的用户名及其口令。Oracle 数据库是可以为多个用户共享使用的，一个数据库中通常会包含多个用户。

数据库管理员可以定义和创建新的数据库用户，可以为用户更改口令，可以锁定某用户禁止其登录数据库。用户管理工作是数据库管理员的职责之一，创建用户必须具有

Create User 系统权限。而通常情况下只有数据库管理员或安全管理员才拥有 Create User 权限。

2）权限管理

权限用于限制用户可执行的操作，即限制用户在数据库中或对象上可以做什么，不可以做什么。新建用户没有任何权限，不能执行任何操作。只有给用户授予了特定权限或角色之后，该用户才能链接到数据库，进而执行相应的 SQL 语句或进行对象访问操作。同时也可以通过回收权限的命令对所授予的权限进行回收。

3）角色管理

角色就是一组权限的集合。角色可以被授予用户或其他的角色，把角色分配给用户，就是把角色所拥有的权限分配给用户。使用角色可以更容易地进行权限管理，主要体现在三个方面。首先是减少了授权工作：用户可以先将权限授予一个角色，然后再将角色授予每一个用户，而不是将一组相同的权限授予多个用户。其次是动态权限管理：当一组权限需要改变时，只需要更改角色的权限，则所有被授予此角色的用户自动地立即获得修改后的权限。最后是方便地控制角色的可用性：角色可以临时禁用和启用，从而使权限变得可用或者是不可用。

4）Profile 管理

数据库每个用户都会对应一个配置文件，Profile 可以限制用户执行某些需要消耗大量资源的 SQL 操作，同时确保在用户会话空闲一段时间后，将用户从数据库注销。在大而复杂的多用户数据库系统中，它可以合理分配资源并且控制用户口令的使用。还要对每个用户或会话使用的 CPU、内存等系统资源予以限制，以有效地利用系统资源确保系统性能。使用 Profile 进行资源限制，既可以限制整个会话的资源占用，也可以限制调用级的资源占用。需要注意的是，与管理口令不同，如果使用 Profile 管理资源，则必须要激活资源限制。

3. Oracle 数据库的安全控制措施

1）数据库的存储加密

数据库存储加密主要用于保护数据在数据库存储期间的保密性。对于重要的敏感数据，尤其是我国电子政务系统中涉及国家机密的数据，除了指定的人员以外，其他人员是不能接触、阅读和获取的。但是数据库管理人员拥有最高权限，可以浏览数据库中的一切信息，造成数据失密的最大隐患。同时非法用户还可以在操作系统甚至硬件级别绕过 DBMS 直接窃取数据库文件内容。因此，很多情况下要保护数据的保密性必须对其进行存储加密处理，这样即使存储的数据不幸泄露或丢失，也不易被破译。

2）用户口令的保密

对于数据库来说，除了要注意基本口令管理准则，如口令的长度、复杂性、更改周期等，还要注意用户口令的加密。Oracle 数据库系统是依赖于密码管理的，在 Oracle 数据库中采用了一项独创的功能，就是通过概要文件来保障数据库口令的安全性。在口令使用期限上，虽然使用一次就修改一次密码并不现实，但可以尽量缩短密码使用期限。而在口令的复杂性上，一定要杜绝用户使用纯数字口令、短口令的情况，在 Oracle 数据库中提供了多种密码复杂性的检查工具，可规定密码的最小长度，可规定密码必须包含的符号等，从而提高密码破解难度。

3）加强用户动作的审计

用户动作审计机制是针对用户的可疑活动，如非授权用户的删除活动、写入活动、修改活动等动作。首先需要建立独立的审计系统和审计员，审计记录需要存放在单独的审计文件中，而不像 Oracle 存在数据库中，只有审计员才能访问这些审计记录。

同时，为了保证数据库系统的安全审计功能，系统还需要能够对安全侵害事件自动响应，提供审计自动报警功能。当系统检测到有危害到系统安全的事件发生并达到阈值时，要给出报警信息，同时还会自动断开用户的链接，终止服务器端的相应线程，并阻止该用户再次登录系统。

4）注意终端用户的权限分配

Oracle 数据库在运用时，可以通过应用软件来控制，也可以通过数据库的用户权限管理来实现。一般情况下，不应给用户直接赋予权限，而应当利用数据库自身的权限管理器来进行管理，将终端用户按权限需要进行分组，仅给每个用户赋予必要的权限，通过用户与组来管理数据库的访问权限，对于一些特权用户，则可以直接把权限赋予用户。通过组来管理用户众多的数据库，可以使用户权限管理更简单，避免出现因管理混乱而产生权限泄露的情况。

三、系统的安全性设计

油气资源评价库系统的安全保密机制设计如图 6-31 所示。

为了保证系统的安全性，采取以下措施：

（1）系统在专用局域网内运行，不与外网直接连通；同时必须通过正确的用户名和密码才能进入。

（2）使用智能型日志可以对所有用户访问的详细情况进行记录跟踪。

（3）在资料上传与下载过程中采用 MD5 加密机制和 VPN（虚拟专网），保证数据传输过程中的安全性。

（4）系统采用严格的系统管理机制，角色控制包括系统管理员、组用户和普通用户。系统管理员可以对其他角色用户设置不同的上传、浏览、下载资料的权限，保证数据库的安全性。

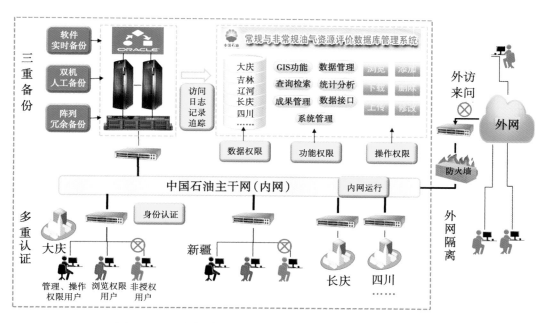

图 6-31 油气资源评价数据库系统安全机制示意图

四、系统的保密性设计

一般系统保密的威胁主要来自两个方面，即电磁辐射泄密和非法入侵窃密。积极采用先进的保密技术与相应的保密设备：

（1）强化访问权控制，针对每个能访问系统的账号进行资格检查，同时保证每个用户只能对应自己所属范围的情况进行操作。

（2）传输秘密数据，在数据传输过程中采用 MD5 加密保护技术和设备。数据加密，即对文件、数据库和网络通信的内容进行复杂的变换处理，使这些数据不能被非法用户直接使用。数据保密鉴别，包括口令鉴别、密钥鉴别、通信双方身份鉴别等。

（3）系统使用情况自动跟踪记录，如系统运行日志、修改数据文件的记录等，以保证数据资料的跟踪，责任到人。

第七章　数据库系统软件平台

　　基于以上各章提及的设计思路和技术路线研发形成了常规与非常规油气资源评价数据库管理系统，提供数据库、图形库的基础管理功能和数据应用功能，支撑中国石油第四次油气资源评价工作。本章对系统运行环境、功能模块、软件界面和操作方式等进行了详细介绍，以期使读者能较为完整深入地了解数据库在资源评价工作各阶段的作用和功能。

第一节　系统运行环境

　　常规与非常规油气资源评价数据库管理系统采用 B/S 架构，所有应用程序安装部署在服务器上，用户通过网页浏览器打开指定网址访问该系统。

一、服务器端环境

　　服务器为联想公司 ThinkServer RQ940，共设两台，每台配置为 128G 内存，四个 X/E7-4830v2 型号 CPU，使用容量为 10T 的 SureSAS112 磁盘阵列，100M/1000M 网卡。

　　服务器采用 Windows Server 2008 操作系统，数据库平台为 Oracle 11G 企业数据中心版，通过 Visual Studio 2015 开发环境采用 C#、JavaScript 进行代码开发，利用 IIS 进行站点配置。

二、客户端环境

　　由于所有功能均在服务器端实现，因此理论上客户端只需要能联网的台式电脑或笔记本电脑即可，为达到更好的连接效率和显示效果，一般要求客户端采用 Windows XP，Windows 7 或以上版本的操作系统，基于 IE8 或以上内核的浏览器，安装有 Office 2007 或以上版本的办公软件、Adobe Acrobat 或其他 PDF 文件浏览软件。

第二节　系统功能模块

系统主要包括 GIS 导航、数据管理、查询检索、专题成果、成果资料管理、评价专题、系统管理、三次资源评价查询等八个主要功能模块。

一、GIS 导航模块

点击"GIS 导航"菜单，进入 GIS 子模块窗口（图 7-1）。

图 7-1　GIS 导航窗口

在界面左侧的导航菜单中，点击"展开全部"按钮，可以展开"盆地"节点下的所有下级节点（图 7-2）。选中任何一级节点内容，都会在地图中显示相关统计信息。例如，点击盆地—盆地资源量—常规油气—石油，地图中会显示所有盆地石油资源量统计图（图 7-3）。

界面中部为图形区（图 7-4）。其中上端为工具栏，下端为中国地图，可以使用工具栏在地图中进行操作。

在工具栏中，点击"园选"按钮，然后在地图上按住鼠标左键并移动鼠标，可以选中圆形范围内包含的构造单元。

点击"多选"按钮，用户可以自定义选择范围。

点击"清除选择"按钮，用户可以清除选定的范围。

图 7-2　导航菜单

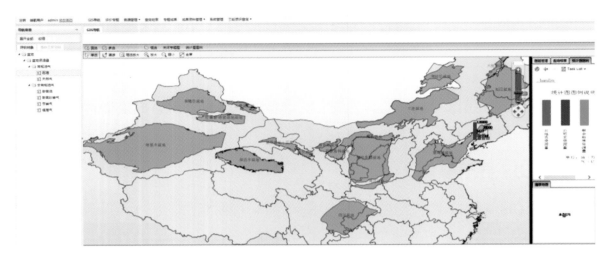

图 7-3　盆地石油资源量统计图

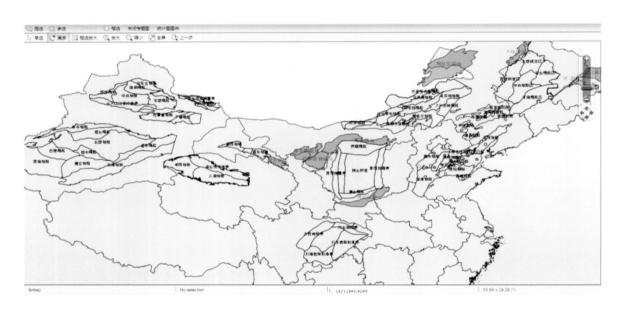

图 7-4　GIS 导航图形区

点击"框选"按钮，用户可以框选相应的范围。

点击"统计图图例"按钮，用户可以查看统计图图例信息。

点击"关闭专题图"按钮，可以关闭专题图。

点击"单选"按钮，在图形区域可以选择相应的构造单元。

点击"漫游"按钮，在图形区域按下鼠标左键，移动鼠标，拖动图形显示区域。

点击"框选放大"按钮，在图形区域按下鼠标左键，可以放大选择的区域进行查看。

点击"放大"按钮，整体放大地图。

点击"缩小"按钮，整体缩小地图。

也可以使用鼠标滚轮控制地图的放大或者缩小：鼠标滚轮往前滚动，放大图形；往后滚动，缩小图形。

点击"全屏"按钮，使地图全屏显示。

点击"上一步"按钮，返回上一步操作。

在界面右侧的菜单中，包括"图层管理""查询结果"和"统计图图例"按钮。

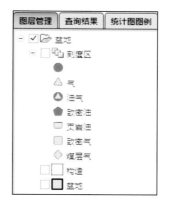

图 7-5 图层管理菜单

1. 图层管理

点击"图层管理"按钮，展开"盆地"节点。勾选图层列表前面的复选框，可选择盆地、构造和刻度区等范围（图 7-5）。可以单层显示，也可以多层显示。

其中，勾选"盆地"节点，在地图显示所有盆地（图7-6）。

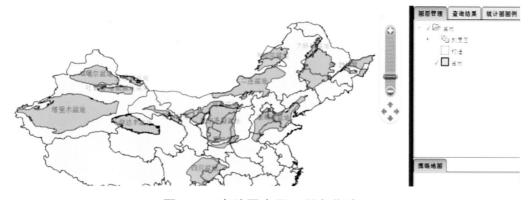

图 7-6 在地图中显示所有盆地

勾选"构造"节点，地图中显示出所有一级构造单元（图 7-7）。

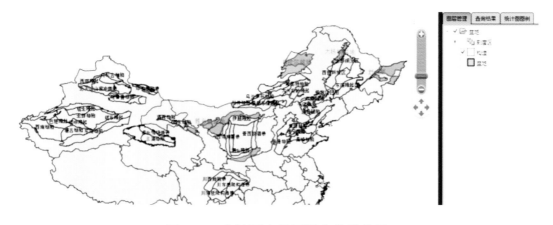

图 7-7 在地图中显示所有构造单元

勾选"刻度区"节点，地图中显示出所有刻度区（图7-8）。

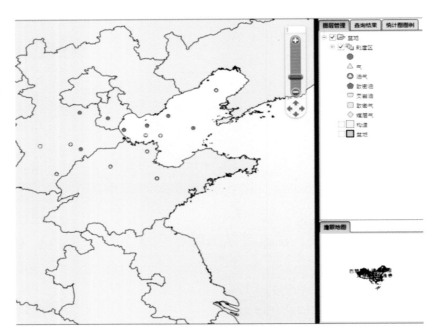

图7-8　在地图中显示所有刻度区

2. 查询结果

点击"查询结果"按钮，可以查询到已经选择的相应图层的相关信息（图7-9）。

3. 统计图图例

点击"统计图图例"按钮，显示统计图图例（图7-10）。

图7-9　查询结果

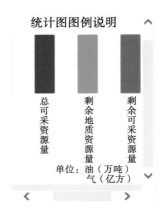

图7-10　统计图图例

在图形区域选择目标，选中后目标对象以蓝色线条包围区别于其他对象。以辽河坳陷为例，在"图层管理"中，勾选"构造"项，然后在地图中选中辽河坳陷（图7-11）。

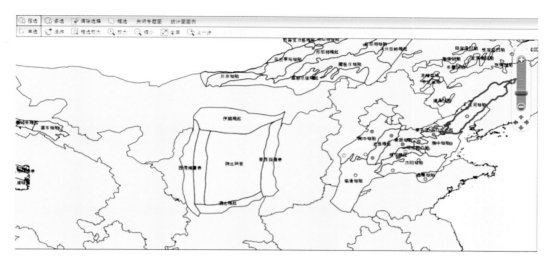

图 7-11 选择目标对象

然后点击右键，可以在弹出的菜单中对相关信息进行查询（图 7-12）。

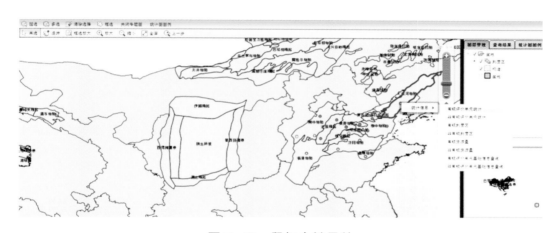

图 7-12 鼠标右键导航

点击"常规评价单元统计"按钮，在新弹出的窗口中，显示相应的表格（图 7-13）。

统计结果

序号	区带名称	区带类型
1	静安堡古潜山	气和油
2	静安堡构造带	气和油
3	前进古潜山	气和油
4	前进构造带	气和油
5	法哈牛古潜山	气和油
6	法哈牛构造带	气和油

图 7-13 常规评价单元统计表结果

点击"非常规资源量"按钮（图 7-14），弹出统计结果。

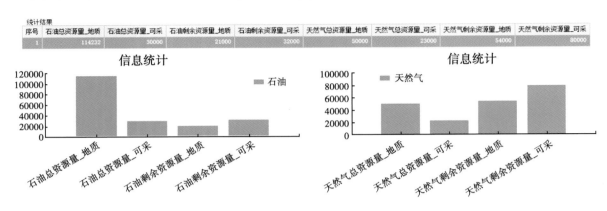

图 7-14 非常规资源量表

二、评价专题模块

点击"评价专题"按钮，打开"评价专题"界面（图 7-15）。

评价专题模块以评价单元的模式管理常规、非常规资源评价对象，包括评价单元的划分、创建及其基础数据的编辑，评价参数的查看以及评价结果的查看等功能。

图 7-15 评价专题模块页面

界面左侧为评价对象栏，可以点击盆地名称展开下级节点。

点击"展开全部"按钮，可以展开各个盆地的下级节点。

1. 评价单元的创建和编辑

1）新建评价单元

在数据操作区，点击"新建评价单元"按钮，打开评价单元新建页面（图 7-16）；

图 7-16 新建评价单元

填写评价单元属性信息（图 7-17）。

图 7-17 评价单元属性

填写完成后，点击"确定"按钮，在左侧构造单元节点上，点击新建的评价单元所属的构造单元节点进行查询、编辑、删除新建的评价单元。

2）评价单元描述信息编辑

在评价单元数据列表中选择需要编辑的评价单元，置于选中状态（图 7-18）。

图 7-18 选择评价单元对象

点击"编辑"按钮，打开评价单元信息编辑页面；在数据编辑框中录入数据，点击保存，修改完成；刷新数据表，点击相应的数据节点查看结果。

3）评价单元删除

在评价单元数据列表中选择需要编辑的评价单元，置于选中状态，可多选；点击"批量删除"按钮，提交删除数据命令，弹出删除确认消息框（图7-19）；点击"是"按钮，删除评价单元，点击"否"，取消删除。

图7-19 数据删除确认页面

4）评价单元查询检索

评价单元查询检索包括两个操作方法：目标导航数据过滤和条件查询。

点击目标导航树上构造单元目标对象名称，评价单元列表根据所选择的目标对象不同，进行评价单元筛选（图7-20）。

图7-20 评价单元筛选

条件查询：评价单元条件查询主要提供评价单元名称、评价单元类别两个条件，具体操作方法如下。

在评价单元名称或评价单元类别编辑框中输入查询条件；点击"查询"按钮，进行评价单元查询（图7-21）。

图7-21 评价单元条件查询

2. 评价单元基础数据管理

评价单元基础数据管理是针对一个评价单元的相关评价参数数据提供评价单元基

础编辑功能，根据评价单元类型和评价单元级别，动态打开对应的数据内容页面，用户根据实际数据，对数据内容进行编辑，数据内容主要包括评价单元基础数据表、评价单元基础参数数据表、评价油气藏数据表、评价单元关键系数数据信息表、评价单元生排烃参数数据信息表、评价单元勘探成果数据表和评价单元勘探历程数据表等数据表，其中又包括单记录数据编辑和多记录数据编辑。表格录入完成后，点击"确定"按钮进行保存。

1）单记录数据编辑

打开评价专题页面（图7-15）；选择目标评价单元行，在操作列中选择"基础数据"链接名称（图7-22）。

图 7-22　评价单元基础数据编辑

在数据编辑页面中，选择需要编辑的数据分类页，打开数据编辑界面，填写数据（图7-23）。

数据填写完成后，单击"确定"提交数据到数据库保存，完成该评价单元当前数据分类的数据编辑。

2）多记录数据管理

多记录数据管理针对多记录数据，提供添加数据、修改编辑现有数据内容和删除数据内容等功能，以"评价单元油气藏数据表"为例。

（1）数据添加。

在数据内容选项卡中，选择目标数据内容选项卡（图7-24）。

在数据列表中，点击任意一条记录第一列中的"新增"按钮，打开数据编辑窗口（图7-25）；填写数据内容，点击"Update"按钮，提交数据保存，完成数据添加。

（2）数据修改。

图 7-23　评价单元基础数据填写

图 7-24　多记录数据管理

图 7-25　多记录数据编辑

在数据列表中，点击任意一条记录第一列中的"编辑"按钮，打开数据编辑窗口；填写数据内容，点击"Update"按钮，提交数据保存，完成数据修改。

（3）数据删除。

在数据列表中，点击任意一条记录第一列中的"删除"按钮，删除数据记录。

3）评价单元评价参数查看

评价单元评价参数查看，提供评价单元评价参数的浏览、查阅，具体操作步骤如下。

打开评价专题页面，选择目标评价单元行，在操作列中点击"方法参数"链接名称，打开评价参数查询结果页面（图7-26）。

图7-26　评价单元评价参数浏览

4）评价单元评价结果查看

评价单元评价结果查看，提供评价单元进行资源评价后的评价结果信息的浏览、查阅，具体操作步骤如下。

选择目标评价单元行，在操作列中点击"评价结果"链接，打开评价参数查询结果页面进行查看。

三、数据管理模块

1. 评价基础数据管理模块

评价基础数据管理模块是针对资源评价数据库中的所有数据表的基础管理功能，采用单数据表管理的方法进行数据管理模式，提供数据添加、修改、删除、批量导入、数据检索和数据输出几个方面的功能，具体操作如下。

1）数据添加

点击"数据管理"→"评价基础数据管理"菜单；点击菜单项，进入基础数据管理页面（图7-27）。

在左侧数据类型导航树中选择目标数据表，打开数据表数据内容列表，以"盆地概要信息表"为例（图7-28）。

在数据列表中，点击任意一条记录第一列中的"新增"按钮；打开数据编辑窗口，填写数据内容，其中带红色＊号的是必填数据（图7-29）。

录入完成后，点击"Update"按钮，提交数据保存，完成数据添加。

图 7-27　评价基础数据管理

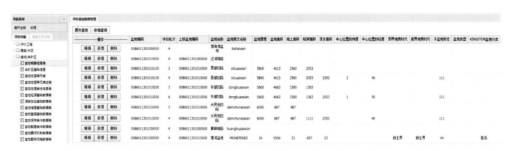

图 7-28　评价基础数据列表

图 7-29　新增基础数据

2）数据修改

在左侧数据类型导航树中选择目标数据表，打开数据表数据内容列表。在数据列表中，选择需要编辑的记录，数据可以通过数据查询进行筛选，选择记录列表第一列中的"编辑"按钮（图 7-28），打开数据编辑窗口（图 7-30）。

图 7-30　基础数据编辑

填写数据内容，点击"Update"按钮，提交数据保存，完成数据编辑。

3）数据删除

在左侧数据类型导航树中选择目标数据表，打开数据表数据内容列表。在数据列表中，选择需要删除的记录，数据可以通过数据查询进行筛选，选择记录列表第一列中的"删除"按钮，删除数据记录（图 7-28）。

在删除确认消息框中，选择点击"是"按钮，完成数据记录删除；选择"否"按钮，取消数据删除（图 7-31）。

4）数据检索

在左侧数据类型导航树中选择目标数据表，打开数据表数据内容列表；点击"展开查询"按钮，打开查询条件输入框（图 7-32）。

图 7-31　基础数据删除确认

图 7-32　基础数据查询条件设置页面

在条件字段组合框中选择查询条件名称，在条件关系组合框中选择条件关系，输入条件值（图 7-33）。

图 7-33　基础数据查询条件输入

点击"查询"按钮，进行数据检索（图 7-34）。

图 7-34　查询基础数据

条件添加完成后可以继续添加条件（图 7-35）。

图 7-35　添加基础数据查询条件

点击"查询"按钮，进行数据检索（图7-36）。

图7-36　增加条件后的基础数据查询

点击"清空条件"按钮，可以清空查询条件。

5）数据输出

进行数据查询检索；点击"导出为 xls 表格""导出为 xlsx 表格"按钮，可以进行不同版本的数据导出。

2. 评价专题数据管理模块

评价专题数据的管理模块是采用工程数据管理模式进行数据管理，针对一个地质对象的全部数据信息进行集中管理，具体操作如下。

选择"数据管理"→"评价专题数据管理"菜单项，打开专题数据管理页面（图7-37）。

图7-37　评价专题数据管理页面

在左侧功能导航树，点击"展开全部"按钮，选择要进行数据管理的地质对象（图7-38）。

点击评价专题对象类型名称，打开专题数据编辑页面，以常规油气的"区带"的专题表（图7-39）为例。

点击新建按钮，打开新建页面（图7-40）。

1）单数据编辑

打开专题数据编辑页面，在数据内容选项卡中，选择目标数据内容选项卡（图7-41）。

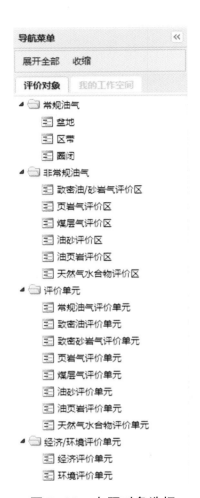

图 7-38　专题对象选择

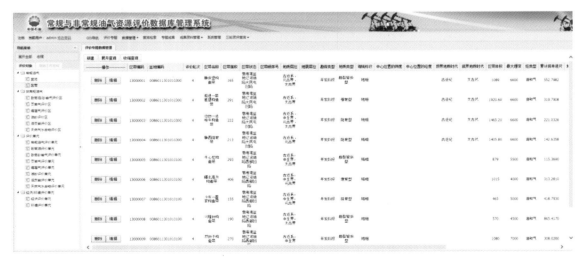

图 7-39　评价专题列表

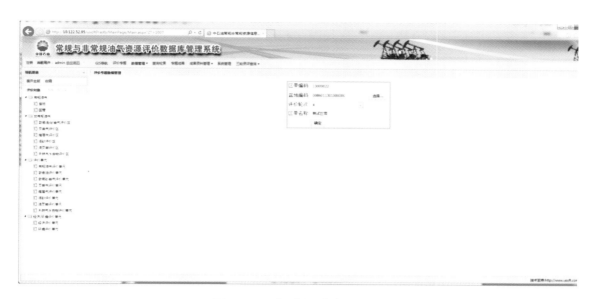

图 7-40 新建评价专题页面

图 7-41 评价单元专题数据编辑

在数据编辑页面中，选择需要编辑的数据分类页，打开数据编辑界面，填写数据（图 7-42）。

数据填写完成后，单击"确定"提交数据到数据库保存，完成该评价单元当前数据分类的数据编辑。

2）多记录数据编辑

多记录数据管理是针对多记录数据，提供新增数据、修改编辑现有数据内容和删除数据内容等功能。

在数据内容选项卡中，选择目标数据内容选项卡（图 7-43）。

图 7-42 专题数据填写

图 7-43 评价专题多记录数据管理

在数据列表中，点击任意一条记录第一列中的"新增"按钮，打开数据编辑窗口
（图 7-44）。

图 7-44 新增专题多数据管理

录入数据（图 7-45）。

填写完数据内容，点击"Update"按钮，提交数据保存，完成数据添加。

（1）数据修改编辑。

在数据列表中，点击任意一条记录第一列中的"编辑"按钮，打开数据编辑窗口；

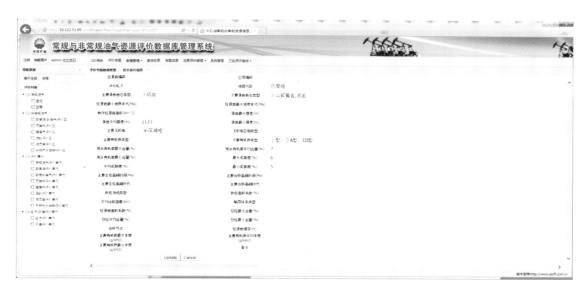

图 7-45　专题多数据编辑

填写数据内容，点击"Update"按钮，提交数据保存，完成数据编辑。

（2）数据删除。

在数据列表中，点击任意一条记录第一列中的"删除"按钮，删除数据记录。注：此处的删除，不但删除该条记录，同时删除与该条记录相关的数据内容（级联删除），如果是删除专题对象，则该专题所有的数据全部删除，该操作属于危险操作。

3. 刻度区数据管理模块

该模块的主要功能是新建刻度区数据。点击"刻度区数据管理"按钮，进入"刻度区数据管理"界面（图 7-46）。

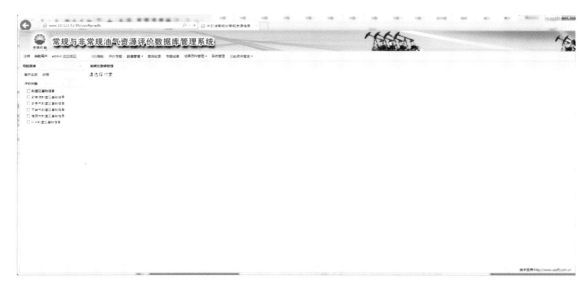

图 7-46　刻度区数据管理界面

油气资源评价数据库构建、管理及应用

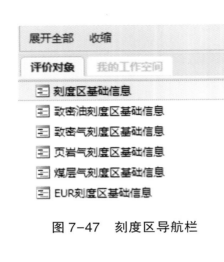

图 7-47　刻度区导航栏

导航栏分为刻度区基础信息、致密油刻度区基础信息、致密气刻度区基础信息、页岩气刻度区基础信息、煤层气刻度区基础信息和 EUR 刻度区基础信息（由于国内 EUR 刻度区数据来源少，所以不作为编辑对象）（图 7-47）。

该模块只能新建数据。当点击导航树的叶节点，首先选择盆地，再单击输入框会弹出盆地列表。刻度区编码是自动生成的，不用修改。输入刻度区名称和油气标志等信息后，单击确定就进入了详细信息的表的创建。数据管理的方法如前所述。

4. 数据批量导入

在左侧数据类型导航树中选择目标数据表，打开数据表数据内容列表，选择"数据导入"按钮（图 7-48）。

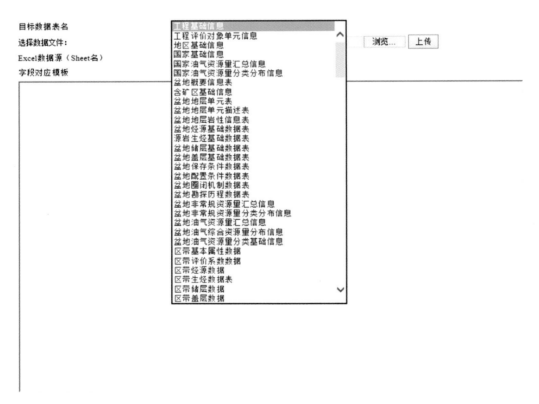

图 7-48　数据批量导入功能选择

点击"数据导入"按钮，打开数据导入页面（图 7-49）。

点击"浏览"按钮，选择源数据的 Excel 数据文件（图 7-50）。

选择文件完成后，点击"上传"按钮，把文件上传到应用服务器。

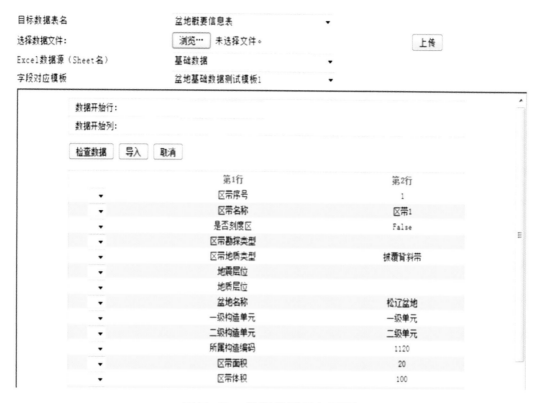

图 7-49　数据批量导入页面

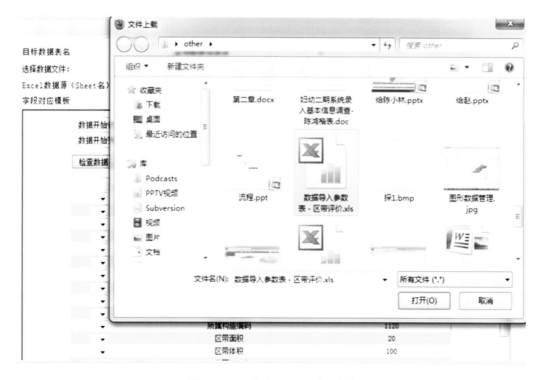

图 7-50　选择 Excel 源文件

选择数据表对应数据文件中的 Excel Sheet（图 7-51）。

图 7-51　选择数据文件中的数据 Sheet 页

选择数据导入配置模板（图 7-52）。

图 7-52　选择数据导入配置模板

如果没有数据导入配置模板，则进行数据模板配置，在数据预览区域，根据 Excel 文件中的数据列的名称，在数据列表第一列的组合框中依次选择对应的数据项（图 7-53）。

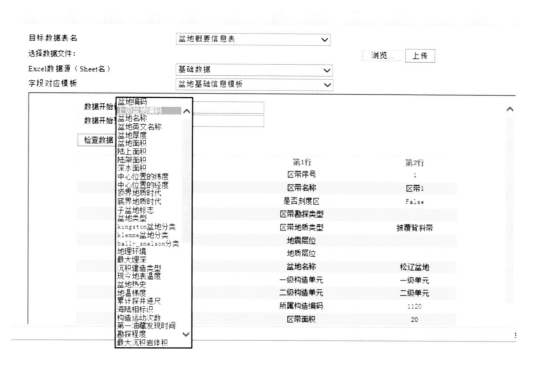

图 7-53 配置导入模板

设置完成导入模板配置后，输入模板名称，保存到数据库，以便下次使用（图 7-54）。

图 7-54 保存配置文件

点击"检查数据"按钮，对上传数据进行校验；校验无误，点击"导入"按钮，导入数据。

四、查询检索模块

点击"查询检索"菜单，进入查询检索模块。

点击"展开全部"按钮，在展开的菜单中选择要查询的表格。

该模块根据数据库的数据订制了一系列的查询表，比如盆地基础信息。右侧工作窗口分为两部分，上面部分是查询条件部分，下面部分是数据展示部分。具体操作如下。

点击"数据查询"菜单项，进入数据查询页面（图7-55）。

图 7-55 数据查询页面

在左侧查询功能导航列表中选择查询内容，点击查询内容名称，打开数据结果页面（图7-56）。

图 7-56 数据查询结果

在条件字段组合框中选择查询条件名称，在条件关系组合框中选择条件关系，输入条件值，点击"添加"按钮，添加查询条件（图7-57）。

图 7-57　添加查询条件

添加完成后可以继续添加条件（重复上述步骤）。
点击"查询"按钮，进行数据检索（图7-58）。

图 7-58　条件查询结果

其中，在条件关系中，选择"like"条件，可以进行模糊查询（图7-59）。例如，在"刻度区基础数据表"中，刻度区级别只填写"运聚"二字，条件选择为"like"，也可查出"刻度区级别"为运聚单元的所有刻度区（图7-60）。

图 7-59　模糊条件查询

图 7-60　模糊查询结果

点击"清空条件"按钮，清除查询条件。

五、专题成果模块

点击"专题成果"菜单，进入"专题成果"子模块（图7-61）。

图 7-61　专题成果窗口

该模块用来展示各个地质构造带的文档信息。左侧导航栏中显示的是所有地质构造对象，单击后在右侧工作窗口展示相应对象的信息文档。例如，单击"渤海湾盆地"，则右侧工作窗口打开渤海湾盆地的介绍文档。

六、成果资料管理模块

成果资料管理模块主要包括成果管理模块和成果检索模块（图7-62）。

图 7-62　成果资料管理
模块菜单

1. 成果管理

单击"成果资料管理"菜单进入"成果管理"子模块（图7-63）。

该模块主要管理成果文档，分为三大模块，左侧菜单栏为目录导航选项。中间为文件夹文档列表，其上方为搜索选项，包括全文搜索和高级搜索。右侧为文档详情。

单击"高级搜索"弹出高级搜索界面，此界面分为字段搜索（图7-64）和全文模糊搜索（图7-65）。

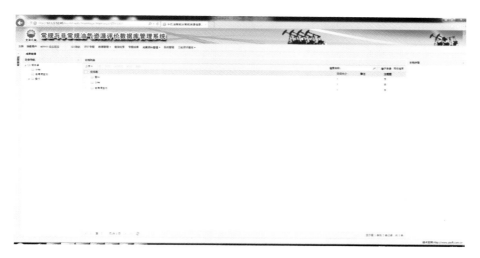

图 7-63 成果管理子模块窗口

图 7-64 字段搜索

图 7-65 全文检索

在左侧的目录导航选项单击"根目录"，右键点击"新增"可在根目录下添加子文件夹（图7-66）。单击窗口中的"添加"按钮，对文件夹的属性信息进行定义。

图 7-66　新建子目录窗口

文件夹添加成功后，在中间模块的文件属性中点击"上传"按钮，会出现"单文件上传"和"多文件上传"两个选项。其中单文件上传界面如图7-67所示。

图 7-67　单文件上传界面

当上传成功后，点击"文档属性"（图7-68），可对在建立文件夹时所设定的属性进行描述，其描述结果会在右侧的文档详情里面进行显示（图7-69）。多文档上传同理。

图7-68 文档属性描述

图7-69 文档详情界面

　　当文档上传成功后，在文档列表的左上方，有"下载""预览""swf 预览""修改""删除"按钮（图 7-70）。其中点击"修改"按钮是对文档的基本属性信息和文档属性信息进行修改（图 7-71、图 7-72）。

图 7-70　下载、预览、修改和删除

图 7-71　基本属性编辑

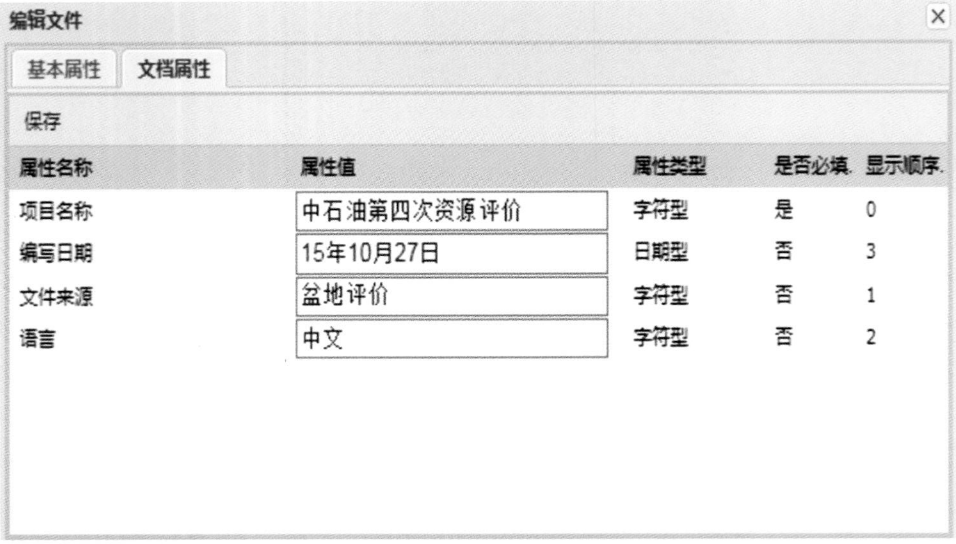

图 7-72　文档属性编辑

2. 成果检索

点击"成果检索"（图7-73），在成果检索界面中可对文档进行模糊查询和详细查询。在搜索框中输入要查询的内容，点击"搜索一下"，系统就会检索所有含有与此次查询相关的所有字段的文件。

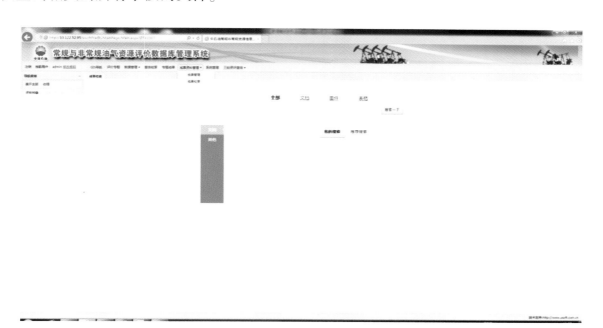

图7-73 成果检索界面

七、系统管理模块

系统管理主要提供系统自身配置和系统、数据安全管理，主要包括：用户信息管理和用户权限管理。

1. 用户信息管理

在菜单栏展开"用户管理"节点（图7-74）。

选中"用户"，在工作区域会显示所有用户的基本信息（图7-75）。

图7-74 用户管理列表

用户

#			用户ID	用户名	用户登录名	用户类型	所属组	实名	单位	部门	是否有效
	编辑 添加 删除		3	username	usertitle	普通用户	信息室	实名	默认	海外战略	yes
	编辑 添加 删除		1	admin	admin	admin	admin	ture name	eee		
	编辑 添加 删除		4	admin2	admin2	super	信息室	实名	默认	海外战略	yes

图7-75 用户基本信息表

点击任意行的"添加"，可以添加新用户。

单击后出现图7-76中的表，注意用户ID是不可填的，系统自动添加，其余属性如果不填，会自动加入文本框里的默认值。

#	用户ID	用户名	用户登录名	用户类型	所属组	实名	单位	部门	是否有效
用户ID			口令			用户名	you name		
用户登录名	login name		用户类型	一般用户		所属组	信息室		
实名	ture name		单位	默认		部门	海外战略		
工号	1111		用户IP	10.200.22.2		是否绑定	否		
电话	8231111		邮箱	email		即时通类型	飞秋		
即时通号	11		起始时间	2013		失效时间	2015		
有效期	2		是否有效	yes		主程序入口	n		
创建时间	2013		最后更新时间	2013					Update Cancel
编辑 添加 删除	3	username	usertitle	普通用户	信息室	实名	默认	海外战略	yes
编辑 添加 删除	1	admin	admin	admin	admin	ture name	eee		
编辑 添加 删除	4	admin2	admn2	super	信息室	实名	默认	海外战略	yes

图 7-76　用户具体信息表

填好表单内的属性，点击"Update"按钮就完成了用户添加的步骤；点击"Cancel"按钮，取消添加步骤。

如果想更改某个用户的信息，在该用户行点击"编辑"按钮，在弹出的表格中更改该用户所有信息。

修改后单击"Update"按钮确认修改信息，单击"Cancel"按钮取消修改。

如果想删除某个用户，在该用户的那行点击"删除"按钮就完成了用户删除的步骤。

2. 用户权限管理

用户权限管理可以为用户设置系统权限和功能权限。

用户系统权限是指允许该用户进入哪几个专题。功能权限是指允许该用户在能进入的专题下所能看见的菜单栏的功能按钮。

单击用户管理列表（图 7-74）的"权限"开始用户权限管理。

单击后工作区域显示管理权限界面（图 7-77），左侧是用户列表，右侧是权限选择。

选择用户的功能权限，点击"确定"保存权限。

图 7-77　管理权限界面

八、三轮资评查询模块

三轮资评查询包括数据查询和成果图查询。

1. 数据查询

点击"数据查询"按钮，打开数据查询界面（图7-78）。

图 7-78　三轮资评数据查询界面

在左侧的录入数据列表中，选择数据节点下的数据表，以"刻度区配置条件数据表"为例。

点击"刻度区配置条件数据表"（图7-79），在数据采集模块中填入相应的条件，

图 7-79　刻度区配置条件数据表

点击"查询"按钮进行查询。在刻度区配置条件数据表中，其下方的工具栏可以进行翻页和刷新操作。

2. 成果图

点击"成果图"按钮，弹出成果图界面（图7-80）。

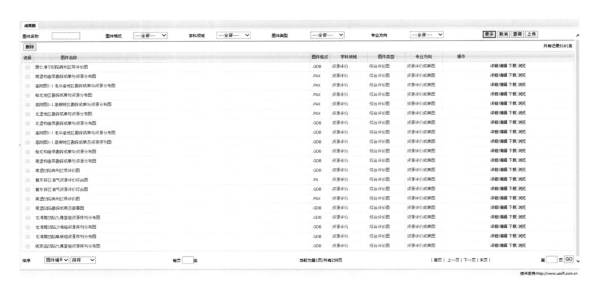

图 7-80　成果图界面

该模块主要管理成果图件，导航栏显示地质构造对象。单击树节点，右侧工作窗口会显示相应对象的图件。

工作窗口的结构，最上面部分是查询选择区域，用户可根据需要输入特定条件进行查询。

单击"更多"按钮，会弹出详细查询表单（图7-81）。用户可以更精确地查找需要地文档。

图 7-81　图件详细查询条件表单

点击"上传"按钮，弹出上传界面（图7-82）。

点击"浏览"按钮，上传图件，填写图件相关信息后，提交保存。

工作窗口的下面部分是图件数据展示表（图7-80）。图件名称前有复选框，选定后，可以单击"删除"按钮删除所选记录。

图 7-82 上传图件界面

操作列中可以对当前行的文档进行操作。单击"详细"按钮，可以查看文档的详细信息（图 7-83）。

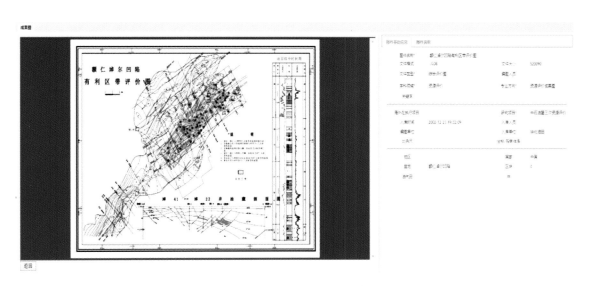

图 7-83 成果图件浏览

点击"编辑"按钮，可以对图件信息进行编辑（图 7-84）。

点击"提交"按钮，保存表格。

点击"返回"按钮，退出编辑。

点击"下载"按钮可将当前图件下载到本地。

点击"浏览"按钮，可在浏览器中打开图件。

点击"返回"按钮，退出浏览界面。

在成果图界面下端选择图件编号和排列方式，图件可以根据设置进行升序和降序排列（图 7-80）。

图 7-84　编辑成果图信息

第三节　对评价方法的功能支持

在油气资源评价软件中使用的评价方法从勘探程度的角度主要划分为两类：成因法和统计法。其中成因法包括盆地模拟法、氯仿沥青"A"法、氢指数法；统计法包括趋势外推法、饱和勘探法等。油气资源评价数据库系统接口实现了和评价软件的对接，能从数据库系统中直接提取和存入数据，包括基础数据、评价参数、刻度区类比数据等。

评价软件得到的评价结果数据可上传到数据库保存。油气资源评价数据库系统支持的评价软件包括：盆地评价系统、区带评价系统、非常规资源评价系统、经济与环境评价系统。

在数据库系统中包含评价软件本地数据库中的所有字段。在数据管理界面中，点击区带数据导入导出模块，可以将评价区带数据从数据库中提取到评价软件的当前工程数据库中或者将当前工程区带评价结果数据上载到数据总库中（图 7-85）。

例如在刻度区数据导入模块中，点击"导入"按钮，能将刻度区数据从数据总库下载到本地刻度区库中（图 7-86）。

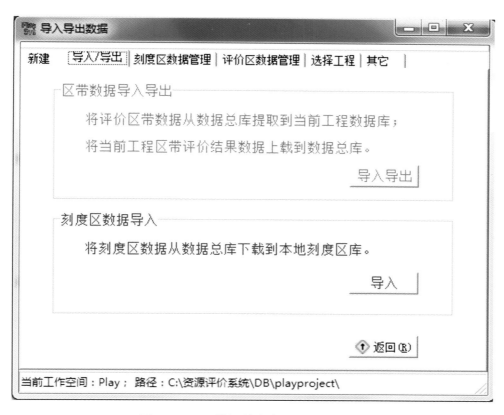

图 7-85　区带评价数据导入导出界面

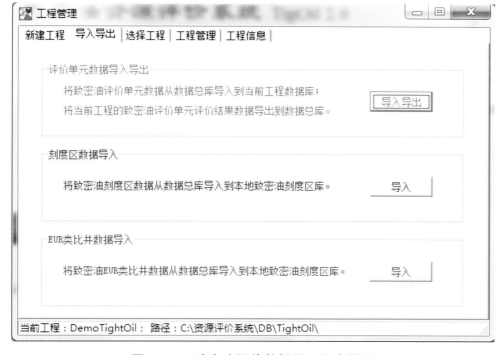

图 7-86　致密油评价数据导入导出界面

第八章　油气资源评价数据库资源建设与应用

第一节　数据库资源建设规范

一、数据库建设总体要求

（1）数据一致。即数据必须与纸质报告严格一致。

（2）信息完整。尽量完整填写数据表格中所有的数据内容，至少保证必填数据信息的数据内容。

（3）数据准确。填写第一手的现场资料，确保数据信息的准确性，能够经历考证。

（4）支持评价计算。数据信息的填写要符合评价方法计算的要求，确保和评价计算时的数据一致，能够进行验证性对比。

二、填写规范

（1）根据提供的标准数据填写表格模板和数据字典规范填写。

（2）数据表格中所有的评价对象编码（包括盆地、构造单元、区带、评价区等），统一填写标准的评价对象名称；所有表格填写的名称要一致。

（3）数值型数据，采用最大、最小、平均分布方式进行填写，对于不能进行分布填写的数据，统一填写平均值。

（4）所有数值型数据，严格按照数值的方式填写，不能采用"1000~1500""1000~15000"等方式填写。

（5）描述型数据（包括备注、描述等），数据不要超过 1000 个字。

（6）枚举型数据信息（例如地层、沉积相、岩性等）允许填写多个类型，各个类型值用逗号隔开，不允许换行。

（7）地层和岩性数据信息要填写标准名称或代码，一般不允许填写非法字符（例如 $Es_1—Es_2$）。

三、最低数据填写要求

针对资源评价数据库数据字段过多，有些数据获取困难的情况，数据库标定了最低要求的填写数据项要求。

四、图形资源建设内容与规范

1. 图形资源建设内容

1）盆地/探区级基础图件

包括如下主要图件类型：

（1）勘探成果图（资料截至 2014 年 6 月底）；

（2）构造单元划分图（划分至凸起、凹陷级别）；

（3）地表海拔图；

（4）各层系的现今地层厚度等值线图（或顶界构造图/底界构造图、顶界埋深图/底界埋深图）；

（5）各层系的剥蚀厚度等值线图；

（6）各烃源层系的厚度等值线图（可分 TOC 级别、岩性分级分类成图）；

（7）各烃源层系的 TOC 等值线图（可分 TOC 级别、岩性分级分类成图）；

（8）各层系沉积体系图。

2）盆地/探区级成果图件

（1）各层系主要地质时期埋深图；

（2）各烃源层系关键地质时期 R_o 等值线图；

（3）各烃源层系主要生油期生油强度图；

（4）各烃源层系主要生气期生气强度图；

（5）各烃源层系主要排油期排油强度图；

（6）各烃源层系主要排气期排气强度图；

（7）运聚单元划分图；

（8）储层评价图；

（9）盆地/探区区带综合分析评价图；

（10）盆地/探区油气资源综合评价图。

3）专题图件

主要包括一些专题评价图件（如某一非常规资源评价相关的图件）。对于致密砂岩气评价区，主要包括：

（1）目的层顶、底面构造图；

（2）目的层砂体或岩体储层厚度和物性平面分布图；

（3）烃源岩厚度平面分布图；

（4）烃源岩 TOC 平面分布图；

（5）烃源岩 R_o 平面分布图；

（6）烃源岩生烃强度平面分布图；

（7）目的层致密砂岩气分布图；

（8）目的层有利区综合评价图。

2. 图形资源建设规范要求

图形库底层支持两种格式：

（1）明码文件格式，格式名称为 GeoKitDraw 的 GKT 格式文件；

（2）ShpFile 格式（即 ArcGIS 的 *.shp 文件）。

上述两种格式的文件可以直接导入图形库，并在不安装第三方图形程序的情况下直接显示与编辑。

另外，根据各油气田实际图件格式的调研，兼容以下格式的等值线图图件：

（1）GeoMap 格式；

（2）双狐格式；

（3）MapGIS 格式。

对于上述图件，要求：

（1）图形为具有地理投影系统的矢量图形；

（2）具有能够分解的图层；

（3）图形文件包括原始图形数据/文件和统一的交换格式数据文件。

另外，资源评价研究工作中的相关分析图版、地震剖面和专业图形（对比图、剖面图等）采用位图和原始文件并行管理。

第二节　数据库建设流程

资源评价数据库建设工作涉及面较广，工作内容较多，并且大部分工作是由手工完成的。详细分析整个工作的流程以及各个工作流程的技术要求是保证工作质量的关键。数据库建设工作操作流程如下。

（1）数据收集阶段。

由于数据分散以及历史原因，很多的数据已丢失，如何寻找和收集数据将是数据库建设的一个重要工作。建议在数据收集阶段多动员一些退休的老同志。

（2）数据确认。

由于一个数据可能出现多个版本，另外老的资料由于年代久远无法确定其真实性。这就要求聘请有经验的权威人士对所收集的数据进行确认。该项工作应由熟悉实际情况的专家担任。

（3）数据整理。

数据整理是将原始数据格式整理成规范化的标准数据格式。数据整理是数据再加工的工程，特别是对于老的数据更需花费较大的力气。该工作必须由有经验的同志担任。

（4）数据录入。

数据录入是数据库建设的主体工作。为了保证数据录入的效率和低错误率，必须采用专业化的数据录入队伍来实施。

（5）数据初步检查。

数据初步检查是在录入阶段由录入员或专门的质量检查员进行的一项以检查录入过程错误为主的工作。检查的依据是录入后的数据和原整理数据的内容。

（6）数据加载。

数据加载是将分散录入的数据加载到一个统一管理的数据库系统中的过程。该过程不是将数据简单地汇总在一起。在加载过程中需要考虑数据标准统一问题，数据逻辑性建立和检查。其主要依据是数据模型中所定义的各种关系和规则。

（7）数据二次检查。

数据的二次检查是对加载后的数据所进行的一次全面检查。该检查可以通过多种方式实施，有些需要通过一些工具软件实施，有些需要通过手工来完成。

（8）数据复查、确认。

数据检查完成后需要数据原始单位进行最后的复查和确认。复查和确认必须由权威人士作出。一经确认的数据就可以封装和提供使用了。

第三节　数据库在资源评价中的应用实例

系统建立了四层结构的基于 WebGIS 的数据库和图形库管理技术，能够支持常规与非常规油气资源评价，支持油气资源动态评价，实现多层面的数据安全机制。

本节以辽河油田为例，对第四次资源评价数据库、图形库建设过程进行较为详细的说明，供各油田在建设自己的数据库和图形库时参考。需要说明的是，出于保密需要，书中对关键数据和图件等进行了处理，数据库中材料并不完全代表辽河油田的实际资料。

一、刻度区数据资源建设

1. 刻度区选择原则及数据库入库原则

刻度区包括常规、非常规资源两个部分，其相应数据库按照油气成藏机理以及资源评价方法的需要，建立常规油气刻度区数据库、非常规油气刻度区数据库。

刻度区选择原则：

（1）遵循"三高"原则，即勘探程度高、地质规律认识程度高、油气资源探明率较高或资源的分布与潜力的认识程度较高。

（2）针对不同级别的评价单元需要按凹陷、运聚单元和区带、区块等层次分别选择类比刻度区。

（3）选择不同类型的评价单元，包括构造、岩性、潜山、火成岩、致密油、致密砂岩气、页岩气、煤层气。

意义：为低勘探程度评价单元类比法资源预测提供参照样板，并为成因法运聚系数研究提供依据。

数据库入库原则：

（1）每个刻度区的命名方式。

常规油气刻度区命名方式遵循地质单元名称+解剖区层系，例如辽河探区的大民屯凹陷分为古近系和古潜山两个刻度区，分别命名为大民屯古近系、大民屯潜山，即以层刻度区的模式进行命名；非常规油气刻度区按类型划分，例如辽河探区西部凹陷的雷家致密油刻度区。

（2）刻度区以成藏组合为单元，录入起主控作用的单元。

对刻度区石油地质条件进行定量描述，包括油源岩条件、储集条件、保存条件、油藏特征信息，以及储量、资源量、资源丰度等信息，其中的参数统计应以成藏组合（重点解剖区还可包括预测的成藏组合）为单元，每个刻度区只录入一套成藏组合数据，对于刻度区的多套成藏组合，选取起主控作用的一套成藏组合录入到库中，或者综合几套成藏组合单元的数据录入到库中，其他次要的以文字或表的形式体现在报告中。

2. 刻度区数据库内容

1）常规油气刻度区数据库

常规油气刻度区数据库内容包括：刻度区基础数据、刻度区烃源数据、刻度区油气丰度、刻度区配置条件、刻度区资源量数据、刻度区盖层数据、刻度区储层数据、刻度区圈闭数据、EUR刻度区基础数据、EUR刻度区产量数据、EUR刻度区评价参数数据。

（1）刻度区基础数据：包含刻度区范围、勘探成果、勘探程度等基本情况。

（2）刻度区石油地质特征数据：包含类比参数研究必需的数据项、刻度区资源评价方法采用的数据项以及其他相关的地质研究数据项。分别包含在以下五个表中。

①刻度区烃源数据；

②刻度区储层数据；

③刻度区盖层数据；

④刻度区圈闭数据；

⑤刻度区配置条件。

（3）刻度区解剖成果：包含刻度区资源评价结果及关键参数研究结果。

①刻度区资源量计算结果数据；

②关键参数数据，包括运聚系数、资源丰度、储量丰度、可采系数等。

如表8-1所示，每个数据表包含关键字段"刻度区编码"，起到唯一标识该刻度区的作用，为此制订了一套编码规则。在每个数据表中用红色字表示的，是主要的地质基础数据及类比研究参数；用蓝色字表示的，是资源评价方法采用的数据；用黑色字表示的，是次相关的地质研究数据。

表8-1 常规油气刻度区数据库属性关系表

表　名	属　性　名
刻度区基础数据	刻度区编码*、刻度区名称、刻度区级别、油气标志、刻度区类型、刻度区面积（km²）、所属盆地所属凹陷、所属盆地类型、沉积岩平均厚度（m）、沉积岩体积（km³）、第一个油藏发现时间、累计探井进尺（m）、盆地受热史、研究单位
刻度区烃源数据	刻度区编码*、地层层位、烃源岩岩性、烃源岩年龄、有效烃源岩厚度、有效烃源岩面积、有效烃源岩体积、有机碳含量、生烃潜量、有机质类型、成熟度（R_o）、生油强度、排油强度、生气强度、排气强度、关键时刻、层系砂岩百分比、输导体系类型、供烃流线类型、供烃面积系数、生油速率、生气速率、运移方式、运移距离、生烃强度、排烃强度、有效烃源岩面积系数、有效烃源岩体积系数、有效烃源岩厚度系数
刻度区储层数据	刻度区编码*、地层层位、储层岩性、储层年龄、储层埋深、储层单层平均厚度、储层平均累计厚度、储层体积、储层砂岩百分比、孔隙度、渗透率、中值喉道半径、沉积相、成岩阶段、孔隙结构类型、储集空间类型、储层面积百分比、储层面积
刻度区盖层数据	刻度区编码*、盖层类型、盖层岩性、地层层位、盖层年龄、盖层平均厚度、盖层埋深、盖层体积、孔隙度、渗透率、突破压力、扩散系数、盖层被剥蚀厚度、盖层被破坏程度、目的层被剥蚀面积、地层剥蚀总厚度、水化学条件、水动力条件、地层水矿化度、盖层上不整合个数
刻度区圈闭数据	刻度区编码*、地层层位、主要圈闭类型、已知圈闭个数、预测圈闭个数、已知圈闭面积、预测圈闭面积、含油气圈闭面积、圈闭含油气面积、已知圈闭面积系数、预测圈闭面积系数、圈闭闭合高度、圈闭形成时间

续表

表　　名	属　性　名
刻度区配置条件	刻度区编码＊、生储配置、生烃高峰匹配程度（圈闭形成与生烃时间匹配关系）、成藏期次、运移方式
刻度区油气丰度	刻度区编码＊、石油地质体积丰度、石油可采体积丰度、石油地质面积丰度、石油可采面积丰度、天然气地质体积丰度、天然气可采体积丰度、天然气地质面积丰度、天然气可采面积丰度、凝析油地质体积丰度、凝析油可采体积丰度、凝析油地质面积丰度、凝析油可采面积丰度、石油运聚系数、石油资源可采系数、天然气运聚系数、天然气可采系数、圈闭密度、圈闭面积系数、圈闭含油面积系数、圈闭含气面积系数、面积勘探成功率、圈闭个数成功率、预测资源被全部发现的累计探井进尺、预测资源被全部发现的年份、最小经济油田规模、最小经济气田规模
刻度区资源量数据	刻度区编码＊、总生油量、总排油量、总生气量、总排气量、石油探明地质储量、石油探明可采储量、石油控制地质储量、石油控制可采储量、石油预测地质储量、石油预测可采储量、石油待发现地质资源量、石油待发现可采资源量、石油地质资源量、石油可采资源量、天然气探明地质储量、天然气探明可采储量、天然气控制地质储量、天然气控制可采储量、天然气预测地质储量、天然气预测可采储量、天然气待发现地质资源量、天然气待发现可采资源量、天然气地质资源量、天然气可采资源量、凝析油探明地质储量、凝析油探明可采储量、凝析油控制地质储量、凝析油控制可采储量、凝析油预测地质储量、凝析油预测可采储量、凝析油待发现地质资源量、凝析油待发现可采资源量、凝析油地质资源量、凝析油可采资源量

2）非常规油气刻度区数据库

以致密油为例，内容包括致密油刻度区基础信息表、致密油刻度区烃源条件信息表、致密油刻度区储集条件信息表、致密油刻度区保存条件信息表、致密油刻度区油气藏特征信息表、致密油刻度区储量状况信息表、致密砂岩气刻度区基础信息表、致密砂岩气刻度区油气藏特征信息表、致密砂岩气刻度区储集条件信息表、致密砂岩气刻度区烃源条件信息表、致密砂岩气刻度区保存条件信息表、致密砂岩气刻度区开发储量状况信息表、页岩气刻度区基础信息表、页岩气刻度区储集条件信息表、页岩气刻度区烃源条件信息表、页岩气刻度区保存条件信息表、页岩气刻度区开发状况信息表、煤层气刻度区基础信息表、煤层气刻度区油藏特征信息表、煤层气刻度区储集条件信息表、煤层气刻度区烃源条件信息表、煤层气刻度区开发状况信息表。

（1）刻度区基础数据：包含刻度区范围、勘探成果、勘探程度等基本情况。

（2）刻度区石油地质特征数据：包含类比参数研究必需的数据项、刻度区资源评价方法采用的数据项以及其他相关的地质研究数据项。分别包含在以下三个表中。

①刻度区烃源数据;

②刻度区储层数据;

③刻度区保存数据。

(3) 刻度区解剖成果:包含刻度区资源评价结果及关键参数研究结果。

①刻度区资源量计算结果数据;

②关键参数数据包括运聚系数、资源丰度、储量丰度、可采系数等;

③致密砂岩气刻度区、页岩气刻度区、煤层气刻度区数据内容有部分变化。

如表8-2所示,每个数据表包含关键字段"刻度区编码",起到唯一标识该刻度区的作用。在每个数据表中用红色字表示的,是主要的地质基础数据及类比研究参数;用蓝色字表示的,是资源评价方法采用的数据;用黑色字表示的,是次相关的地质研究数据。

表8-2 致密油刻度区数据库属性关系表

表 名	属 性 名
致密油刻度区基础信息表	刻度区编码*、刻度区名称、刻度区类型、所属盆地、所属含矿区、刻度区面积、地理位置、地表条件、构造位置、发现年份、发现井、探井数、探井进尺、二维地震长度、三维地震面积、地质构造类型、勘探程度编码、数据最后更新日期、数据录入日期、评价单位、创建时间
致密油刻度区烃源条件信息表	刻度区编码*、地层单元、有机质类型、烃源岩面积(最大)、烃源岩面积(平均)、烃源岩面积(最小)、平均烃源岩厚度、最小烃源岩厚度、最大烃源岩厚度、平均有机质丰度(TOC)、最小有机质丰度(TOC)、最大有机质丰度(TOC)、平均成熟度、最小成熟度、最大成熟度、S_1+S_2、烃源岩岩性、最大 TOC>1.0% 厚度、平均 TOC>1.0% 厚度、最小 TOC>1.0% 厚度、最大 TOC>2.0% 厚度、平均 TOC>2.0% 厚度、最小 TOC>2.0% 厚度、最大 R_o>1.0% 面积、平均 R_o>1.0% 面积、最小 R_o>1.0% 面积、最大 R_o>2.0% 面积、平均 R_o>2.0% 面积、最小 R_o>2.0% 面积、氢指数(HI)、生排烃高峰期、成藏关键时刻
致密油刻度区储集条件信息表	刻度区编码*、地层单元、沉积背景、沉积相类型、沉积亚相类型、岩石类型、最大埋深、平均埋深、最小埋深、平均储层厚度、最小储层厚度、最大储层厚度、平均单层厚度、孔隙类型、平均孔隙度、最小孔隙度、最大孔隙度、最大渗透率、平均渗透率、最小渗透率、胶结作用、胶结物含量、黏土矿物含量、成岩阶段、数据最后更新日期、数据录入日期
致密油刻度区保存条件信息表	刻度区编码*、地层单元、封隔层类型、封隔层岩性、最大封隔层面积、最小封隔层面积、平均封隔层面积、最大封隔层厚度、最小封隔层厚度、平均封隔层厚度、断裂发育程度、数据最后更新日期、数据录入日期、构造活动强度

续表

表　名	属　性　名
致密油刻度区油气藏特征信息表	刻度区编码＊、所属矿区/油田、油气藏名称、地层单元、油气藏类型、油气层中部埋深（最大）、油气层中部埋深（平均）、油气层中部埋深（最小）、油气层中部海拔、体积系数、原油密度、原油黏度（50℃）、油气藏温度、地层压力、压力系数、含油气饱和度（最大）、含油气饱和度（平均）、含油气饱和度（最小）、气油比、油气藏发现时间、油气藏开发时间、垂直井单井平均产量、水平井单井平均产量、单井平均 EUR、可采系数、数据最后更新日期、数据录入日期
致密油刻度区储量状况信息表	刻度区编码＊、最大有效厚度、平均有效厚度、最小有效厚度、平均含油气面积、最大含油气面积、最小含油气面积、储量级别、石油地质储量（95%）、石油地质储量（50%）、石油地质储量（5%）、石油可采储量（95%）、石油可采储量（50%）、石油可采储量（5%）、石油地质储量丰度（95%）、石油地质储量丰度（50%）、石油地质储量丰度（5%）、石油可采储量丰度（95%）、石油可采储量丰度（50%）、石油可采储量丰度（5%）、石油资源量丰度（95%）、石油资源量丰度（50%）、石油资源量丰度（5%）、数据最后更新日期、数据录入日期

3. 常规油气刻度区数据库录入方法

常规油气刻度区数据库录入方法包含两种：Excel 数据导入、手工数据录入。

1）Excel 数据导入方法

（1）首先，准备常规油气刻度区数据库 Excel 数据模板。

包括 Excel 数据模板的构成、填写方法、逻辑结构关系等。

以辽河油田数据为例，按照表 8-1 常规油气刻度区数据库属性关系表的内容，建立如表 8-3 至表 8-10 所示的常规油气刻度区数据库 Excel 模板，模板表的每行对应一个刻度区的数据，由关键字段"刻度区编码"唯一标识；每列对应该刻度区的各个数据参数。

填写规定如下：

①按照刻度区数据库入库原则命名，每个刻度区仅录入一个主控的成藏组合单元数据，或者将若干个成藏组合数据综合后录入。

②在每个 Excel 数据模板中用红色字表示的，是主要的地质基础数据及类比研究参数；用蓝色字表示的，是资源评价方法采用的数据；用黑色字表示的，是次相关的地质研究数据。

③表 8-3 中的刻度区编码按规范填写正确的编码；刻度区名称与其他模板中的刻度区编码均填写刻度区名称，必须保证完全一致。

表 8-3 常规油气刻度区数据库 Excel 模板实例 1 （基础数据）

刻度区编码	刻度区名称	刻度区级别（凹陷、运聚单元、区带、区块四个级别）	油气标志（油、气或油气）	刻度区类型（按项目组规定的刻度区类型）	刻度区面积（km²）	刻度区所属上级构造单元名称	所属盆地类型	所属凹陷	沉积岩平均厚度（m）（按频率分布，综合取值）	沉积岩体积（km³）	第一个油藏发现时间	累计探井进尺（m）	盆地受热史（低温递进、低温退火、高温递进、高温退火）
2013E-050204-01-0001	刻度区 1	凹陷	油气	裂谷盆地三级负向构造单元	800	渤海湾盆地	裂陷型盆地	凹陷 1	3500	2800	1971 年	1244464.31	高温退火
2013E-050204-01-0002	刻度区 2	区块	油	凹陷内基岩	800	渤海湾盆地	裂陷型盆地	凹陷 1	3500	2800	1983 年	691684.7	高温退火

表 8-4 常规油气刻度区数据库 Excel 模板实例 2（烃源数据）

刻度区编码	烃源岩岩性	地层层位	烃源岩年龄 (Ma)	有效烃源岩厚度（按频率分布，综合取值）(m)	有效烃源岩面积（按频率分布，综合取值）(km²)	有机碳含量（按频率分布，综合取值）(%)	生烃潜量 (mg/g)	有机质类型	成熟度（R_o）（按频率分布，综合取值）(%)	生油强度 (10⁴t/km²)	排油强度 (10⁴t/km²)	生气强度 (10⁸m³/km²)
刻度区1	油页岩、泥岩	沙四段	45.9	600	520	7	47	I、II型为主	0.8	1136	587.05	38.3
刻度区2	油页岩、泥岩	沙四段	45.9	600	520	7	47	I、II型为主	0.8	1136	587.05	38.3

刻度区编码	排气强度 (10⁸m³/km²)	关键时刻 (Ma)	层系砂岩百分比 (%)	输导体系类型	供烃流线类型	供烃面积系数 (%)	生油速率 (10⁴t/Ma)	生气速率 (10⁸m³/Ma)	运移方式	运移距离 (km)	有效烃源岩体积 (km³)	生烃强度 (10⁴t/km²)	排烃强度 (10⁴t/km²)	有效烃源岩面积系数	有效烃源岩体积系数	有效烃源岩厚度系数
刻度区1	10.54	28	20	断层、不整合	汇聚流	65.00	31945.90	1076.76	垂向、侧向	5	312	1139.83	588.104	0.65	0.11	0.17
刻度区2	10.54	28	20	断层、不整合	半汇聚流	65.00	31945.90	1076.76	垂向、侧向	5	298.5	1139.83	588.104	0.65		

表 8-5 常规油气刻度区数据库 Excel 模板实例 3（储层数据）

刻度区编码	储层岩性	地层层位	储层年龄 (Ma)	储层埋深 (m)	储层单层平均厚度 (m)（按频率分布，综合取值）	储层平均累计厚度 (m)（按频率分布，综合取值）	储层体积 (km³)	储层砂岩百分比 (%)	孔隙度 (%)（按频率分布，综合取值）
刻度区 1	砂岩	古近系	43	2600	7	600	384	35	22
刻度区 2	变质岩	太古宇	3800	2700	580	580	371	30	6.5

刻度区编码	渗透率 (mD)（按频率分布，综合取值）	中值喉道半径 (μm)	沉积相	成岩阶段	孔隙结构类型	储集空间类型	储层面积 (km²)	储层面积百分比 (%)
刻度区 1	360	0.754	扇三角洲	早成岩 B 期	粒间孔、裂缝等	粒间孔、裂缝等	640	80
刻度区 2	0.01	0.227	—	晚成岩 A 期	粒间孔、裂缝等	粒间孔、裂缝等	640	80

表 8-6 常规油气刻度区数据库 Excel 模板实例 4（盖层数据）

刻度区编码	盖层类型	盖层岩性	地层层位	盖层年龄 (Ma)	盖层平均厚度 (m)（按频率分布，综合取值）	盖层埋深 (m)	盖层面积系数 (%)	孔隙度（按频率，综合取值）(%)	渗透率（按频率分布，综合取值）(mD)	突破压力 (MPa)
刻度区 1	封闭型	油页岩、泥岩	S3	43	440	2600	85	8.8	<1	9.17
刻度区 2	封闭型	油页岩、泥岩	S4	45.5	440	2600	85	5.6	<1	9.17

刻度区编码	扩散系数 (cm²/s)	盖层被剥蚀厚度 (m)	盖层被破坏程度	目的层被剥蚀面积 (km²)	地层剥蚀总厚度 (m)	水动力条件	水化学条件	地层水矿化度 (mg/L)	盖层上下整合个数
刻度区 1	0	0	弱	0	300	弱	$NaHCO_3$	3406	3
刻度区 2	0	0	弱	0	—	弱	$NaHCO_3$	4610	3

表 8-7 常规油气刻度区数据库 Excel 模板实例 5（配置条件）

刻度区编码	生储配置（自生自储、下生上储、上生下储、异地生储）	生烃高峰匹配程度（圈闭形成与生烃时间匹配关系）	成藏期次	运移方式（网状、侧向、垂向、线形）
刻度区 1	上生下储，下生上储，自生自储	形成早于运移	1	垂向，侧向
刻度区 2	上生下储	形成早于运移	1	垂向，侧向

表 8-8 常规油气刻度区数据库 Excel 模板实例 6（圈闭数据）

刻度区编码	主要圈闭类型（背斜为主、断背斜、断块、地层、岩性）	已知圈闭个数	预测圈闭个数	已知圈闭面积（km²）	预测圈闭面积（km²）	含油气圈闭面积（km²）	圈闭含油气面积（km²）	圈闭面积系数（%）（已知圈闭面积系数、预测圈闭面积系数的和）	圈闭闭合高度（m）	圈闭形成时间（Ma）
刻度区 1	构造、岩性、潜山	87	50	645.3	136.7	173.52	107.36	97.75	1358	44
刻度区 2	潜山	42	15	459.1	110	105.23	89.45	71.14	440	44

表8-9 常规油气刻度区数据库 Excel 模板实例7（资源量数据）

刻度区编码	总生油量 (10⁴t)	总排油量 (10⁴t)	总生气量 (10⁸m³)	总排气量 (10⁸m³)	石油探明地质储量 (10⁴t)	石油探明可采储量 (10⁴t)	石油控制地质储量 (10⁴t)	石油控制可采储量 (10⁴t)	石油预测地质储量 (10⁴t)	石油预测可采储量 (10⁴t)	石油待发现地质资源量 (10⁴t)	石油待发现可采资源量 (10⁴t)
刻度区1	591000	305200	19915	5480	36717.19	8037.88	5005	847.9	5408	1177.7	12375.61	3248.82
刻度区2					18592.23	4050.73	3502	306.6	362	1116.1	10598.67	2983.87

刻度区编码	石油地质资源量 (10⁴t)	石油可采资源量 (10⁴t)	天然气探明地质储量 (10⁸m³)	天然气探明可采储量 (10⁸m³)	天然气控制地质储量 (10⁸m³)	天然气控制可采储量 (10⁸m³)	天然气预测地质储量 (10⁸m³)	天然气预测可采储量 (10⁸m³)	天然气待发现地质资源量 (10⁸m³)	天然气待发现可采资源量 (10⁸m³)	天然气地质资源量 (10⁸m³)	天然气可采资源量 (10⁸m³)
刻度区1	59505.8	13312.3	230.83	87.81	26.18	7.3	32.19	9.65	84.89518032	40.67051937	374.0951803	145.4305194
刻度区2	33054.9	8457.3	65.55	18.78	9.21	2.77	27.2	7.71	14.5805492	9.949745898	116.5405492	39.2097459

刻度区编码	凝析油探明地质储量 (10⁴t)	凝析油探明可采储量 (10⁴t)	凝析油控制地质储量 (10⁴t)	凝析油控制可采储量 (10⁴t)	凝析油预测地质储量 (10⁴t)	凝析油预测可采储量 (10⁴t)	凝析油待发现地质资源量 (10⁴t)	凝析油待发现可采资源量 (10⁴t)	凝析油地质资源量 (10⁴t)	凝析油可采资源量 (10⁴t)
刻度区1										
刻度区2										

表 8-10 常规油气刻度区数据库 Excel 模板实例 8（油气丰度）

刻度区编码	石油地质体积丰度 (10^4t/km³)	石油可采体积丰度 (10^4t/km³)	石油地质面积丰度 (10^4t/km²)	石油可采面积丰度 (10^4t/km²)	天然气地质体积丰度 (10^8m³/km³)	天然气可采体积丰度 (10^8m³/km³)	天然气地质面积丰度 (10^8m³/km²)	天然气可采面积丰度 (10^8m³/km²)	凝析油地质体积丰度 (10^4t/km³)	凝析油可采体积丰度 (10^4t/km³)	凝析油地质面积丰度 (10^4t/km²)	凝析油可采面积丰度 (10^4t/km²)
刻度区 1	21.3	4.75	74.38	16.64	0.1336	0.0519	0.4676	0.1818				
刻度区 2			41.32	10.57	0.0971	0.0327	0.1457	0.0490				

刻度区编码	石油运聚系数 (%)	石油资源可采系数 (%)	天然气运聚系数 (%)	天然气可采系数 (%)	圈闭面积系数 (%)	圈闭含油面积系数 (%)	圈闭含气面积系数 (%)	面积勘探成功率 (%)	圈闭个数成功率 (%)	预测资源被全部发现的累计探井进尺 (m)	预测资源被全部发现的年份	最小经济油田规模 (10^4t)	最小经济气田规模 (10^8m³)
刻度区 1	9.7	22	3	31	80.7	43.4	35.8	75	65				
刻度区 2	26				77.4	21.3		75	65				

（2）进行 Excel 模板数据导入。

评价基础数据管理模块是针对资源评价数据库中的所有数据表的基础管理功能，采用单数据表管理的方法进行数据管理，提供数据添加、修改、删除、批量导入、数据检索和数据输出几个方面的功能，其中的 Excel 数据批量导入操作如下。

点击"数据管理"→"评价基础数据管理"菜单(图 8-1)。

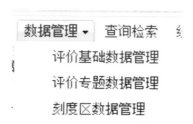

图 8-1　数据管理模块菜单

点击菜单项，进入评价基础数据管理页面（图 8-2），在左侧数据类型导航树中选择目标数据表，打开数据表数据内容树。

图 8-2　评价基础数据管理页面

选择"展开查询"按钮，打开伸缩框（图 8-3）。

图 8-3　数据导入功能选择

点击"Excel 导入"按钮，打开数据导入页面（图 8-4）。

图 8-4　数据导入页面

点击"浏览"按钮，选择源数据的 Excel 数据文件（图 8-5）。

图 8-5 上传选择的 Excel 源文件

选择文件完成后，点击"上传"按钮，把文件上传到应用服务器；选择数据表对应数据文件中的 Excel Sheet（图 8-6）。

图 8-6 选择数据文件中的 Excel Sheet

选择数据导入配置模板（图 8-7）。

图 8-7 选择数据导入配置模板页面

如果没有数据导入配置模板，则进行数据模板配置，在数据预览区域，根据 Excel 文件中数据列的名称，在数据列表第一列的组合框中依次选择对应的数据项（图 8-8）。

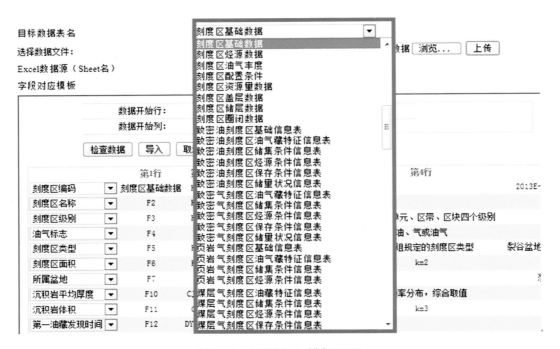

图 8-8　配置导入模板页面

设置完成导入模板配置后，输入模板名称，保存到数据库，以便下次使用(图 8-9)。

	第1行	第2行	第3行	第4行	第5行
刻度区编码	刻度区基础数据	KDQBM	刻度区编码		2013E-050204-01-0
刻度区名称	F2	KDQMC	刻度区名称		刻度区1
刻度区级别	F3	KDQJB	刻度区级别	凹陷、运聚单元、区带、区块四个级别	凹陷
油气标志	F4	YQBZ	油气标志	油、气或油气	油气
刻度区类型	F5	KDQLX	刻度区类型	按项目组规定的刻度区类型	裂谷盆地三级负向构
刻度区面积	F6	KDQMJ	刻度区面积	km2	800
所属盆地	F7	PDBM	刻度区所属上级构造单元名称		渤海湾盆地
所属盆地类型	F8	PDDZLX	所属盆地类型	参照《用户手册》附件1	裂陷型盆地
所属凹陷	F9	SSWX	所属凹陷		凹陷1
沉积岩平均厚度	F10	CJYPJHD	沉积岩平均厚度	=按频率分布，综合取值	3500
沉积岩体积	F11	CJYTJ	沉积岩体积	km3	2800
第一油藏发现时间	F12	DYYCFXSJ	第一油藏发现时间		1971
累计探井进尺	F13	LJTJJC	累计探井进尺	m	1244464.31
研究单位	F15	YJDW	研究单位		辽河油田

刻度区基础数据导入模板　保存对应关系

图 8-9　保存配置文件页面

点击"检查数据"按钮，对上传数据进行校验；校验无误，点击"导入"按钮，导入数据到刻度区数据库中。

2）手工数据录入

刻度区数据管理模块是针对资源评价数据库中的刻度区数据的基础管理功能，提供刻度区数据添加、修改、删除、批量导入、数据检索和数据输出几个方面的功能，具体操作如下。

点击"数据管理"→"刻度区数据管理"菜单（图 8-1）。

点击菜单项，进入刻度区数据管理页面（图 8-10）。

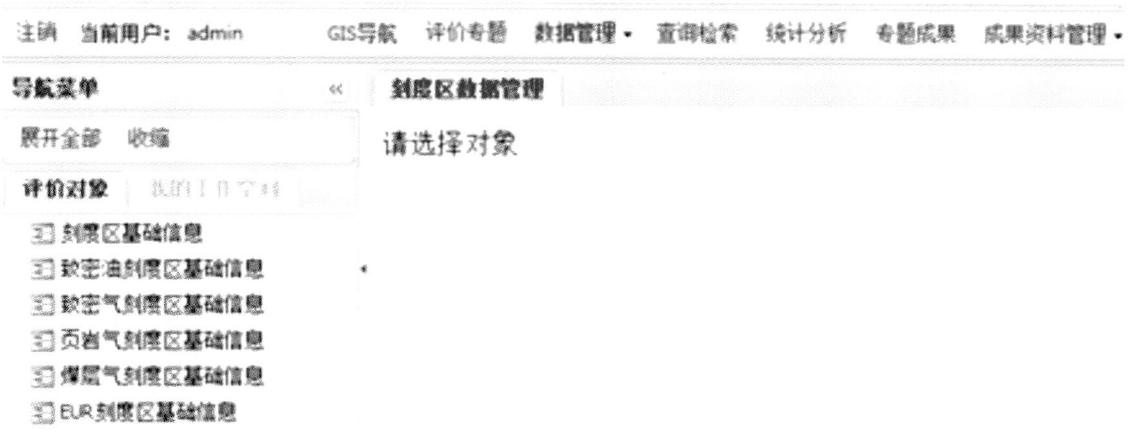

图 8-10 刻度区数据管理子模块页面

在左侧数据类型导航树中选择目标刻度区数据表，导航栏分为刻度区基础信息、致密油刻度区基础信息、致密气刻度区基础信息、页岩气刻度区基础信息、煤层气刻度区基础信息和 EUR 刻度区基础信息。点击导航树的叶节点，右侧工作窗口如图 8-10 所示，该页面提供新建刻度区数据、展开查询和收缩查询等功能。

点击"新建"按钮，进入新建刻度区页面，刻度区编码是自动生成的，如图 8-11 中的"10009"所示；输入好刻度区名称和油气标志等信息后，单击确定就进入了新建刻度区基础数据录入界面（图 8-12）。

图 8-11 新建刻度区

图 8-12　新建刻度区基础信息录入页面

常规刻度区数据包括刻度区基础信息、刻度区烃源数据、刻度区储层数据、刻度区盖层数据、刻度区配置条件数据、刻度区圈闭数据、刻度区资源量数据、刻度区油气丰度数据等八个数据表选项卡。在数据表选项卡中，选择目标数据，如点击"刻度区基础数据"数据选项卡，打开基础信息录入页面。

（1）刻度区基础信息。

用户输入完数据后，单击"确定"按钮保存新增的数据，图 8-13 显示新建的刻度区基础信息。

图 8-13　新建的刻度区基础信息

（2）刻度区烃源数据。

点击"刻度区烃源数据"数据选项卡，打开烃源数据录入页面（图8-14），用户输入完数据后，单击"确定"按钮保存新增的数据。

刻度区编码	×××（古近系）	烃源岩岩性(定性)	页岩,泥岩
地层层位(定性)	沙三段,沙四段	烃源岩年龄(Ma)	45.90
有效烃源岩厚度(m)	600	有效烃源岩面积(km^2)	520
有机碳含量(小数)	7	生烃潜量(104t)	25
有机质类型(定性)	Ⅰ型、ⅡA型	成熟度(Ro)(小数)	0.80
生油强度(104t/km2)	1200	排油强度(104t/km2)	520
生气强度(108m3/km)	25.6250	排气强度(108m3/km)	19.75
关键时刻(Ma)	28	层系砂岩百分比(小数)	20
输导体系类型(定性)	不整合疏导,断层疏	供烃流线类型(定性)	汇聚流供烃
供烃类型系数(小数)	0.65	生油速率	5.1167
生气速率	1.7083	运移方式(定性)	半汇聚流
运移距离(km)	5	有效烃源岩体积(km^3)	312
生烃强度(104t/km2)	1023.75	排烃强度(104t/km2)	430
有效烃源岩面积系数(小数)	0.65	有效烃源岩体积系数(小数)	0.11
有效烃源岩厚度系数(小数)	0.17		

图8-14 刻度区烃源数据录入页面

（3）刻度区储层数据。

点击"刻度区储层数据"数据选项卡，打开储层数据录入页面（图8-15）。

刻度区编码	×××（古近系）	储层岩性(定性)	砂岩
地层层位(定性)	沙三段,沙四段	储层年龄(Ma)	43
储层埋深(m)	2600	储层单层平均厚度(m)	7
储层平均累计厚度(m)	600	储层体积(km^3)	480
储层砂岩百分比(小数)	35	孔隙度(小数)	22
渗透率(10-3μm2)	360	中值喉道半径(cm)	
沉积相(定性)	扇三角洲相,湖泊	成岩阶段(定性)	早成岩B亚期
孔隙结构类型(定性)	孔隙裂缝	储集空间类型(定性)	孔洞缝
储层面积百分比(小数)	80	储层面积(km^2)	640

图8-15 刻度区储层数据录入页面

（4）刻度区盖层数据。

点击"刻度区盖层数据"数据选项卡，打开盖层数据录入页面（图8-16）。

刻度区编码	×××（古近系）	盖层类型(定性)	区域盖层
盖层岩性(定性)	页岩,泥岩	地层层位(定性)	沙四段,沙三段
盖层年龄(Ma)	43	盖层平均厚度(m)	500
盖层埋深(m)	2300	盖层体积(km^3)	400
孔隙度(小数)	2	渗透率(10-3μm2)	0.10
突破压力(Mpa)	9.17	扩散系数(cm2/s)	
盖层被剥蚀厚度(m)	0	盖层被破坏程度(定性)	弱破坏
目的层被剥蚀面积(km^2)	0	地层剥蚀总厚度(m)	200
水化学条件	半咸水	水动力条件	弱
地层水矿化度(ppm)	3635	盖层上不整合个数	1

图 8-16　刻度区盖层数据录入页面

（5）刻度区配置条件数据。

点击"刻度区配置条件数据"数据选项卡，打开配置条件数据录入页面（图 8-17）。

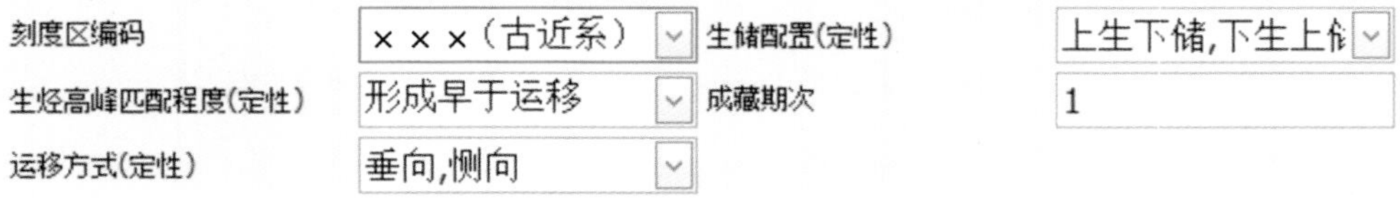

刻度区编码	×××（古近系）	生储配置(定性)	上生下储,下生上储
生烃高峰匹配程度(定性)	形成早于运移	成藏期次	1
运移方式(定性)	垂向,侧向		

图 8-17　刻度区配置条件数据录入页面

（6）刻度区圈闭数据。

点击"刻度区圈闭数据"数据选项卡，打开圈闭数据录入页面（图 8-18）。

刻度区编码	×××（古近系）	主要圈闭类型(定性)	构造圈闭,岩性
已知圈闭个数(个)	87	预测圈闭个数(个)	50
已知圈闭面积(km^2)	300	预测圈闭面积(km^2)	200
含油气圈闭面积(km^2)	173.52	圈闭含油面积(km^2)	107.36
已知圈闭面积系数(小数)	0.3750	预测圈面积系数(小数)	0.25
圈闭闭合高度(m)	1358	圈闭形成时间(Ma)	41

图 8-18　刻度区圈闭数据录入页面

（7）刻度区资源量数据。

点击"刻度区资源量数据"数据选项卡，打开资源量数据录入页面（图 8-19）。

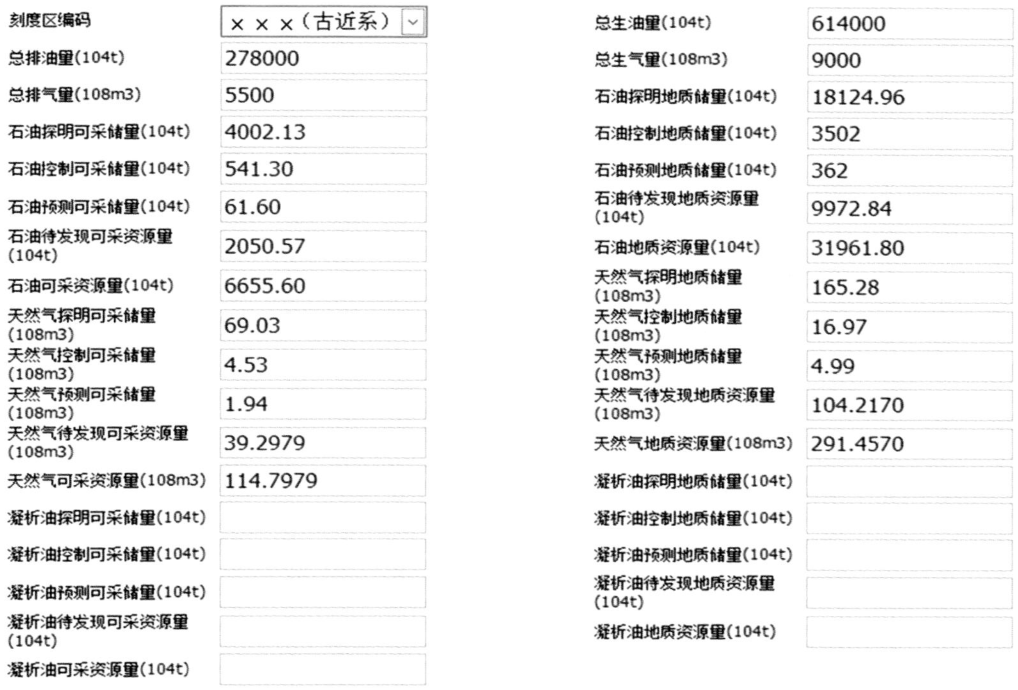

刻度区编码	×××（古近系）	总生油量(104t)	614000
总排油量(104t)	278000	总生气量(108m3)	9000
总排气量(108m3)	5500	石油探明地质储量(104t)	18124.96
石油探明可采储量(104t)	4002.13	石油控制地质储量(104t)	3502
石油控制可采储量(104t)	541.30	石油预测地质储量(104t)	362
石油预测可采储量(104t)	61.60	石油待发现地质资源量(104t)	9972.84
石油待发现可采资源量(104t)	2050.57	石油地质资源量(104t)	31961.80
石油可采资源量(104t)	6655.60	天然气探明地质储量(108m3)	165.28
天然气探明可采储量(108m3)	69.03	天然气控制地质储量(108m3)	16.97
天然气控制可采储量(108m3)	4.53	天然气预测地质储量(108m3)	4.99
天然气预测可采储量(108m3)	1.94	天然气待发现地质资源量(108m3)	104.2170
天然气待发现可采资源量(108m3)	39.2979	天然气地质资源量(108m3)	291.4570
天然气可采资源量(108m3)	114.7979	凝析油探明地质储量(104t)	
凝析油探明可采储量(104t)		凝析油控制地质储量(104t)	
凝析油控制可采储量(104t)		凝析油预测地质储量(104t)	
凝析油预测可采储量(104t)		凝析油待发现地质资源量(104t)	
凝析油待发现可采资源量(104t)		凝析油地质资源量(104t)	
凝析油可采资源量(104t)			

图 8-19 刻度区资源量数据录入页面

（8）刻度区油气丰度数据。

点击"刻度区油气丰度数据"数据选项卡，打开油气丰度数据录入页面（图 8-20）。

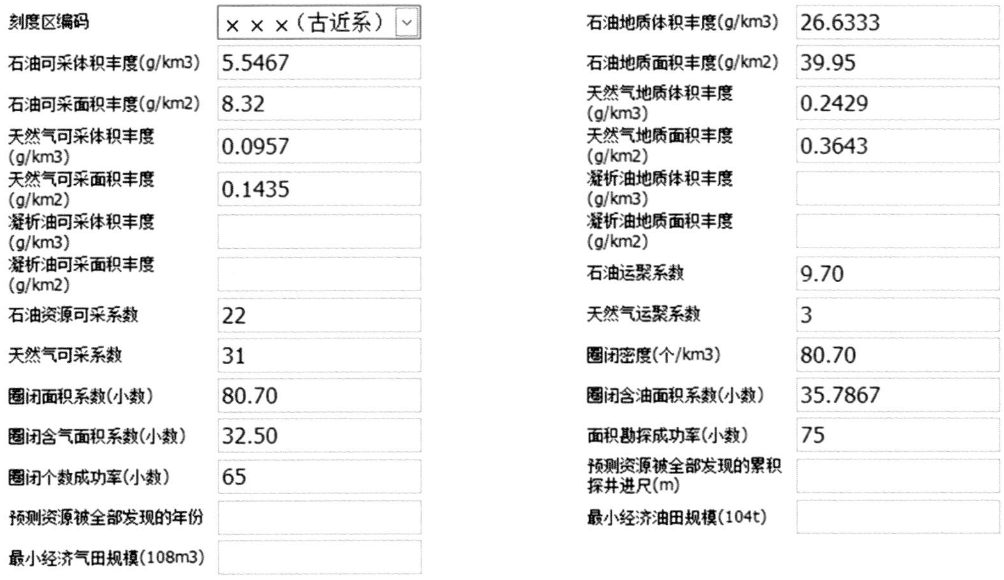

刻度区编码	×××（古近系）	石油地质体积丰度(g/km3)	26.6333
石油可采体积丰度(g/km3)	5.5467	石油地质面积丰度(g/km2)	39.95
石油可采面积丰度(g/km2)	8.32	天然气地质体积丰度(g/km3)	0.2429
天然气可采体积丰度(g/km3)	0.0957	天然气地质面积丰度(g/km2)	0.3643
天然气可采面积丰度(g/km2)	0.1435	凝析油地质体积丰度(g/km3)	
凝析油可采体积丰度(g/km3)		凝析油地质面积丰度(g/km2)	
凝析油可采面积丰度(g/km2)		石油运聚系数	9.70
石油资源可采系数	22	天然气运聚系数	3
天然气可采系数	31	圈闭密度(个/km3)	80.70
圈闭面积系数(小数)	80.70	圈闭含油面积系数(小数)	35.7867
圈闭含气面积系数(小数)	32.50	面积勘探成功率(小数)	75
圈闭个数成功率(小数)	65	预测资源被全部发现的累积探井进尺(m)	
预测资源被全部发现的年份		最小经济油田规模(104t)	
最小经济气田规模(108m3)			

图 8-20 刻度区油气丰度数据录入页面

137

4. 非常规油气刻度区数据库录入方法

非常规油气刻度区数据库录入方法包含两种数据录入方法：Excel 数据导入、手工数据录入。

1）Excel 数据导入方法

（1）准备非常规油气刻度区数据库 Excel 数据模板。

以致密油刻度区为例，首先介绍 Excel 数据模板的构成、填写方法、逻辑结构关系等。

以国外刻度区及四川刻度区数据为例，按照表 8-2 的内容，建立如表 8-11 至表 8-16 所示的致密油刻度区数据库 Excel 模板，模板表的每行对应一个刻度区的数据，由关键字段"刻度区编码"唯一标识；每列对应该刻度区的各个数据参数。

填写规定如下：

①在每个 Excel 数据模板中用红色字表示的，是主要的地质基础数据及类比研究参数；用蓝色字表示的，是资源评价方法采用的数据；用黑色字表示的，是次相关的地质研究数据。

②表 8-11 中的刻度区编码填写数字序号；刻度区名称与其他模板中的刻度区编码均填写刻度区名称，必须保证完全一致。

（2）进行 Excel 模板数据导入。

操作同常规油气刻度区数据库录入方法的 Excel 模板数据导入部分。

2）手工数据录入

操作同常规油气刻度区数据库录入方法的手工数据录入部分。

二、盆地评价数据资源建设

盆地评价数据资源建设包含两种数据录入方法：Excel 数据导入、手工数据录入。

按照盆地数据库的物理逻辑关系模型，以辽河油田一级、二级地质单元数据为例，建立如表 8-17 至表 8-28 所示的盆地数据库 Excel 模板，模板表的每行对应一个地质单元的数据，由关键字段"盆地编码"唯一标识；每列对应该地质单元的各个数据参数。

填写规定如下：

（1）在每个 Excel 数据模板中用红色字表示的，是主要的地质基础数据及类比研究参数；用蓝色字表示的，是资源评价方法采用的数据；用黑色字表示的，是次相关的地质研究数据。

（2）表 8-17 中"盆地编码"的编写规范在前面已经详细说明，系统已经编写

表 8-11 致密油刻度区数据库 Excel 模板实例 1（基础信息）

刻度区编码	刻度区名称	刻度区类型（按项目组规定的刻度区类型）	刻度区所属上级构造单元名称	所属含矿区	刻度区面积（km²）	地理位置	地表条件（有工业开发基础条件）	构造位置
2013E-050204-01-0001	刻度区1	湖泛期成化湖盆源内致密碳酸盐岩	渤海湾盆地西部凹陷	高升油田	190	盘山县高升镇	平原	西斜坡

发现年份	发现井	探井数	探井进尺（10^4 m）	二维地震长度（km）	三维地震面积（km²）	地质构造类型	勘探程度编码（高、中、低勘探程度或未勘探）	数据最后更新日期	数据录入日期	评价单位	创建时间
1985	雷34	58	10.56	500	210	斜坡	低	2014.08.22	2014.08.10	油田	

表 8-12 致密油刻度区数据库 Excel 模板实例 2（烃源条件）

刻度区编码	地层单元	有机质类型	烃源岩面积（最大）（km²）	烃源岩面积（平均）（km²）	烃源岩面积（最小）（km²）	平均烃源岩厚度（m）	最小烃源岩厚度（m）	最大烃源岩厚度（m）
刻度区1	沙四段	1—Ⅱ₁	190	180	170	150	50	300

刻度区编码	最大有机质丰度（TOC）（%）	平均有机质丰度（TOC）（%）	最小有机质丰度（TOC）（%）	平均成熟度（%）	最大成熟度（%）	最小成熟度（%）	生烃潜量（平均）（%）	烃源岩岩性
刻度区1	7.39	4.2	1.23	0.6	0.8	0.25	23.68	油页岩、灰质泥岩

刻度区编码	最小 TOC>2.0%厚度（m）	最大 TOC>2.0%厚度（m）	TOC>1.0%厚度 / TOC>2.0%厚度（最大）（m）	TOC>1.0%厚度 / TOC>2.0%厚度（平均）（m）	TOC>1.0%厚度 / TOC>2.0%厚度（最小）（m）	R_o>1.0%面积（最大）（km²）	R_o>2.0%面积（最大）（km²）	R_o>1.0%面积（最小）（km²）	R_o>2.0%面积（最小）（km²）
刻度区1	100	150	200	125	50				

刻度区编码	氢指数 HI（mg/g）	生排烃高峰期（Ma）	成藏关键时刻（Ma）
刻度区1	489	24	24

表8-13 致密油刻度区数据库 Excel 模板实例 3（储集条件）

刻度区编码	地层单元	沉积背景	沉积相类型	沉积亚相类型	岩石类型	最小埋深（m）	平均埋深（m）	最大埋深（m）	平均储层厚度（m）	最小储层厚度（m）	最大储层厚度（m）	平均单层厚度（m）
刻度区1	沙四段	闭塞、咸化浅湖	湖相	浅湖	泥晶云岩	1800	2400	3000	39.4	2	250	50

刻度区编码	平均孔隙度（%）	最小孔隙度（%）	最大孔隙度（%）	最大渗透率（mD）	平均渗透率（mD）	最小渗透率（mD）	孔隙类型	胶结作用	胶结物含量（%）	黏土矿物含量（%）	成岩阶段	数据最后更新日期	数据录入日期
刻度区1	10.6	2	20	32	1	0.01	粒间孔、裂缝	钙质			中期		

表8-14 致密油刻度区数据库 Excel 模板实例 4（保存条件）

刻度区编码	地层单元	封隔层类型	封隔层岩性	最大封隔层面积（km²）	最小封隔层面积（km²）	平均封隔层面积（km²）	最大封隔层厚度（m）	最小封隔层厚度（m）	平均封隔层厚度（m）	断裂发育程度	构造活动强度	数据最后更新日期	数据录入日期
刻度区1	沙河街组四段	区域盖层	泥岩	190	170	180	50	5	18	弱	弱		

表8-15 致密油刻度区数据库 Excel 模板实例 5（油气藏特征）

刻度区编码	所属矿区油田	油气藏名称	地层单元	油藏类型	油气层中部埋深（最大）（m）	含油气饱和度（最大）（%）	含油气饱和度（平均）（%）	含油气饱和度（最小）（%）	气油比（m³/m³）	油气藏发现时间	油气藏开发时间	油气层中部埋深（平均）（m）	油气层中部埋深（最小）（m）	油气藏中部海拔（m）
刻度区1	高升油田	雷88块	沙河街组四段	岩性	3000	60	61	62	63.5	1985		2400	1800	−1794

刻度区编码	地层压力（MPa）	压力系数	体积系数（%）（地层条件下单位体积原油与地面标准条件下脱气后原油体积的比值）	垂直井单井平均产量（t/d）	水平井单井平均产量（t/d）	单井平均EUR（t）	可采系数（%）	原油密度（50℃）（t/m³）	原油黏度（50℃）（mPa·s）	油气藏温度（℃）	数据最后更新日期	数据录入日期
刻度区1	25	0.9	1.2				10	0.87	307.5	91		

表 8-16 致密油刻度区数据库 Excel 模板实例 6（储量状况）

刻度区编码	最大有效厚度（m）	平均有效厚度（m）	最小有效厚度（m）	平均含油气面积（km²）	最大含油气面积（km²）	最小含油气面积（km²）	储量级别（探明，控制，预测）	石油地质储量（10⁴t）	石油可采储量（10⁴t）	石油地质储量丰度（10⁴t/km²）	石油可采储量丰度（10⁴t/km²）	石油资源量丰度（95%）（10⁴t/km²）	石油资源量丰度（50%）（10⁴t/km²）
刻度区1	18	16	15.3	32.3	47.2	17.4	预测	5118	409.5	108.4322034	8.68		70.52631579

刻度区编码	石油资源量丰度（5%）（10⁴t/km²）	石油可采资源量丰度（95%）（10⁴t/km²）	石油可采资源量丰度（50%）（10⁴t/km²）	石油可采资源量丰度（5%）（10⁴t/km²）	石油地质资源量（95%）（10⁴t）	石油地质资源量（50%）（10⁴t）	石油地质资源量（5%）（10⁴t）	石油地质可采资源量（95%）（10⁴t）	石油地质可采资源量（50%）（10⁴t）	石油地质可采资源量（5%）（10⁴t）	数据最后更新日期	数据录入日期
刻度区1			7.05			13400			1340			2014.08.19

表8-17 盆地基础信息实例1

盆地名称	上级盆地名称	盆地中文名称	盆地英文名称	盆地厚度(m)	盆地面积 总(km²)	陆上(km²)	陆架(km²)	深水(km²)	中心位置 纬度	经度	地质时代 顶界	底界	海陆相标识
凹陷1	坳陷1	凹陷1		5800	4613	2560	2053				新生代	前中生代、中生代	
凹陷2	坳陷2	凹陷2		5600	4663	3300	1363				新生代	前中生代、中生代	

盆地名称	子盆地标志	盆地类型	KINGSTON	KLEMME	BALLY	地理环境	沉积建造类型	最大埋深(m)	现今地表温度(℃)	盆地热史	地温梯度(℃/100m)	累计探井进尺(m)
凹陷1		大陆裂谷				渤海湾裂谷系的北隅		7000	10	门限深度>3200m	6	3916387.05
凹陷2		大陆裂谷				渤海湾裂谷系的北隅		8000	10	门限深度>3100m	6	2193670

盆地名称	勘探程度	第一油藏发现时间	构造运动次数	沉积岩体积 最大(km³)	平均(km³)	最小(km³)	沉积岩厚度 最大(m)	平均(m)	最小(m)	已发现油 地质资源(10⁴t)	可采资源(10⁴t)	已发现气 地质资源(10⁸m³)	可采资源(10⁸m³)
凹陷1	高	1971	3	32291	14761.6	10148.6	7000	3200	2200	182200	40182.14	1236	689.42
凹陷2	高	1980	3	37304	14455.3	11191.2	8000	3100	2400	29300	6367.69	622.1	277.5

表8-18 盆地地层单元基础信息实例2

盆地/构造单元	地层单元名称	上级地层单元编码	地层级别	地层单元编码	地层厚度(m)	埋深(m)	顶界地层年龄(Ma)	底界地层年龄(Ma)	主要沉积相
凹陷1	馆陶组+明化镇组		组	1	1800	0	24.6	24.6	辫三角洲、河流相为主夹浅湖相
凹陷1	东营组	新生界古近系	组	2			24.6	36	

盆地/构造单元	主要沉积环境	顶界地层年代	底界地层年代	古地表温度(℃)	古水深(m)	资源分配系数(%)	今地温梯度℃/100m
凹陷1	河流、浅湖			11		2	10
凹陷1	浅湖、深湖			11.8		11	10

表8-19 地层单元描述实例3

盆地/构造单元	地层单元名称(来源于"盆地地层单元基础信息"的地层单元)	盖层标识	储层标识	生油层标识	岩石密度 泥岩(t/m³)	岩石密度 石灰岩(t/m³)	岩石密度 煤岩(t/m³)	岩石密度 砂岩(t/m³)
凹陷1	馆陶组+明化镇组	是	是	否	2.35	2.45		2.4
凹陷1	沙一段、沙二段	是	是	否	2.36	2.46		2.4

盆地/构造单元	地层单元名称	岩石厚度(m) 泥岩	岩石厚度(m) 石灰岩	岩石有机碳 泥岩	岩石有机碳 石灰岩	岩石有机碳 煤岩	古地表温度(℃)	地层水含盐量(%)	剥蚀厚度(m)	地层流体压力(MPa)	今地温梯度℃/100m
凹陷1	馆陶组+明化镇组	400		1.07			11.8	1			10
凹陷1	沙一段、沙二段	300		1.85			11.9	1	700	176	10

表8-20 地层单元岩性实例4

盆地/构造单元	地层单元	序号	岩性代码	岩性名称	孔隙度(%)
凹陷1	馆陶组+明化镇组	1	砂岩	砂岩	22.10
凹陷1	沙一段、沙二段	2	砂岩	砂岩	22.10

盆地/构造单元	热变指数(℃)	砂岩泥岩百分比(%)	砂岩碳酸盐岩百分比(%)	碳酸盐岩泥岩百分比(%)	岩性成藏角色码	成熟度(%)	干酪根类型	有机碳含量(%)	含烃量(%)	S₂值	油显示标识	气显示标识	凝析油显示标识
凹陷1		47.5											
凹陷1		47.5											

表8-21 盆地烃源岩信息实例5

烃源岩编码	盆地/构造单元	烃源岩层位	烃源岩岩石类型 主要	烃源岩岩石类型 次要	烃源岩层位年龄 顶界(Ma)	烃源岩层位年龄 底界(Ma)	亚级烃源岩序号	有机质类型 主要	有机质类型 次要	有机质类型 第三	烃源岩面积 最大(km²)
1	回陷1	沙三段	泥岩		38	43		I—Ⅱa			
2	回陷2	沙四段	泥岩		43	45.4		I—Ⅱa			

烃源岩编码	烃源岩面积 平均(km²)	烃源岩面积 最小(km²)	烃源岩面积 最大(km²)	烃源岩厚度 最小(m)	烃源岩厚度 平均(m)	烃源岩厚度 最大(m)	埋深 最小(m)	埋深 平均(m)	埋深 最大(m)	沉积相 主要	沉积相 次要
1	2456			1300	1500	1600	2500	4800	6000	扇三角洲、河流相	沼泽相、深湖相
2	2256			500	600	700	3500	5000	6400	扇三角洲、河流相	浅湖相

烃源岩编码	有机碳含量 最小(%)	有机碳含量 平均(%)	有机碳含量 最大(%)	成熟度 最小(%)	成熟度 平均(%)	成熟度 最大(%)	主要生经高峰时间(Ma)	主要生经高峰时代	主要运移高峰时间(Ma)	主要运移高峰时代	平均运移距离(km)	供烃方式	输导类型	运移方式
1	0.8	1.5	3	0.6	1	1.5	28	东二段沉积期末	28	东二段沉积期末	2	平行流、半汇聚流	断层、砂体	平行汇聚、半汇聚
2	2	2.83	5	0.6	1	1.5	28	东二段沉积期末	28	东二段沉积期末	3	平行流、半汇聚流	断层、砂体	汇聚、平行汇聚

烃源岩编码	烃源岩密度(t/m³)	总烃含量 平均(%)	主要有机质丰度 最大(g/km³)	主要有机质丰度 平均(g/km³)	主要有机质丰度 最小(g/km³)	地温梯度(℃/100m)	烃源岩面积系数(%)	有机碳密度 最大(%)	有机碳密度 平均(%)	有机碳密度 最小(%)	氯仿沥青"A"含量 最大(%)	氯仿沥青"A"含量 平均(%)	氯仿沥青"A"含量 最小(%)	氢指数 原始(mg/g)	氢指数 当前(mg/g)
1	2.5	543									0.3	0.1375	0.1	200	40
2	2.5	1142									0.3	0.2167	0.1	350	35

表 8-22 烃源岩生排烃信息实例 6

烃源岩层位	盆地构造单元	生油强度 最小 (10^4t/km²)	平均 (10^4t/km²)	最大 (10^4t/km²)	排烃系数 (%)	生气强度 最小 (10^8m³/km²)	平均 (10^8m³/km²)	最大 (10^8m³/km²)	生烃系数 (%)	生油系数 (%)	生气系数 (%)	排油系数 (%)	排气系数 (%)
沙三段	凹陷1	600	2300	8400	74.4975332	20	140	520				57.61	91
沙四段	凹陷1	600	1050	1350	70.53396312	3	18	78				57.23	84

烃源岩层位	盆地构造单元	总生油量 平均 (10^8t)	最大 (10^8t)	总排油量 平均 (10^8t)	最大 (10^8t)	总生气量 平均 (10^8m³)	最大 (10^8m³)	总排气量 平均 (10^8m³)	最大 (10^8m³)	总生烃量 平均 (10^8t)	最大 (10^8t)	总排烃量 平均 (10^8t)	最小 (10^8t)
沙三段		165.26		95.2		63800		58300					
沙四段		50.15		28.7		8230		6900					

表 8-23 盆地储层信息实例 7

储层编码	盆地构造单元	亚级储层序号	储层层位	岩石类型 主要	次要	沉积相 主要	次要	沉积亚相	储层面积 最大 (km²)	平均 (km²)	最小 (km²)	埋深 最大 (m)	平均 (m)	最小 (m)
1	凹陷1		馆陶组+明化镇组	砂岩		河流相				1719.06			1800	
2	凹陷1		沙一段、沙二段	砂岩		扇三角洲				1719.06			2300	

储层编码	孔隙度 最大 (%)	平均 (%)	最小 (%)	储层累计厚度 (m)	渗透率 最大 (mD)	平均 (mD)	最小 (mD)	砂岩百分比 最大 (%)	平均 (%)	最小 (%)	储集空间类型	孔隙结构类型	成岩阶段	单层平均厚度 (m)	储层年龄 顶界 (Ma)	底界 (Ma)
1	26	25.7	22	300	4660	209	1	60	50	35	原生孔隙	粒间孔	早成岩 A、B	3	34	36
2	35.8	18.5	6.7	200	48900	4573	1	60	50	35	原生孔隙	粒间孔	早成岩 A、B	3.5	36	38

表8-24 盆地盖层信息实例8

盖层编码	盆地/构造单元	盖层层位	盖层年龄 顶界(Ma)	盖层年龄 底界(Ma)	盖层类型	岩石类型 主要	岩石类型 次要	沉积相 主要	沉积相 次要	盖层面积 最大(km²)	盖层面积 最小(km²)	盖层面积 平均(km²)	区域盖层平均排替压力(MPa)
1	凹陷1	东营组	34	36		泥岩		浅、深湖相	河流相				
2	凹陷1	沙一段、沙二段	36	38		泥岩		浅湖相	河流相				

盖层编码	渗透率 最大(mD)	渗透率 最小(mD)	渗透率 平均(mD)	盖层厚度 最大(m)	盖层厚度 最小(m)	盖层厚度 平均(m)	埋深 最大(m)	埋深 平均(m)	埋深 最小(m)	盖层面积系数 最大(%)	盖层面积系数 最小(%)	盖层面积系数 平均(%)	扩散系数(cm²/s)	盖层被剥蚀厚度(m)
1	1	1		125	30	100		1600	1200					
2	1	1				200		1900						

表8-25 盆地保存条件实例9

盆地/构造单元	地层单元	地层剥蚀总厚度(m)	地层水总矿化度(mg/L)	地层水水型	断裂破坏程度	盖层以上不整合数	目的层剥蚀面积(km²)	烃源岩剥蚀面面积(km²)
凹陷1	沙一段、沙二段、沙三段							
凹陷2	沙一段、沙二段、沙三段							

表 8-26 盆地配置条件实例 10

盆地/构造单元	生烃高峰匹配程度	生储配置	成藏期次	沉积旋回数	生储盖组合数
凹陷 1	早	自生自储、新生古储、下生上储	2	5	4
凹陷 2	早	自生自储、新生古储、下生上储	2	3	3

表 8-27 盆地勘探历程实例 11

当年工作量

盆地/构造单元	勘探年度	当年二维地震长度 (km)	当年三维地震面积 (km²)	当年探井成功率 (%)	当年探井进尺 (km)	当年勘探投资 (万元)	当年油新增地质储量 (10⁴t)	当年气新增地质储量 (10⁸m³)	当年油新增可采储量 (10⁴t)	当年气新增可采储量 (10⁸m³)	当年探井数
凹陷	1971				7.509						3
凹陷	1972				22.41868		1144.32		22199.808		9

累计工作量

盆地/构造单元	累计探井进尺 (km)	累计探井数	累计二维地震长度 (km)	累计三维地震面积 (km²)	累计勘探投资 (万元)	累计油地质储量 (10⁴t)	累计气可采储量 (10⁸m³)	总探井成功率 (%)
凹陷	7.509	3						
凹陷	29.92768	12				1144.32		

表 8-28　盆地总资源量汇总表实例 12

石油 (10⁴t)

资源分布编码	盆地/一级构造单元名称	评价轮次	总资源量							剩余资源量							
			地质			可采				地质				可采			
			油地质资源量(95%)	油地质资源量(50%)	油地质资源量均值	油可采资源量(95%)	油可采资源量(50%)	油可采资源量(5%)	油可采资源量均值	油剩余地质资源量(95%)	油剩余地质资源量(50%)	油剩余地质资源量(5%)	油剩余地质资源量均值	油剩余可采资源量(95%)	油剩余可采资源量(50%)	油剩余可采资源量(5%)	油剩余可采资源量均值
100065	凹陷1	4	44334	63614	82895	9570	12337	15104	12337	7617	26897	46178	26897	1532	4299	7066	4299
100066	凹陷2	4	203203	272502	341800	49536	70376	74083	70376	26342	95640	164938	95640	4610	25450	29157	25450

天然气 (10⁸m³)

资源分布编码	总资源量								剩余资源量							
	地质				可采				地质				可采			
	气地质资源量(95%)	气地质资源量(50%)	气地质资源量(5%)	气地质资源量均值	气可采资源量(95%)	气可采资源量(50%)	气可采资源量(5%)	气可采资源量均值	气剩余地质资源量(95%)	气剩余地质资源量(50%)	气剩余地质资源量(5%)	气剩余地质资源量均值	气剩余可采资源量(95%)	气剩余可采资源量(50%)	气剩余可采资源量(5%)	气剩余可采资源量均值
100065	285	447	609	447	105	167	228	167	54	216	378	216	17	79	141	79
100066	1464	2131	2797	2131	748	1128	1508	1128	177	843	1510	843	71	451	830	451

完成了中国石油 13 个盆地及其所属一级、二级、三级等地质构造单元的编码；但如表 8-17 所示，在 Excel 模板中，仅填写盆地编码的中文名称，在数据表导入盆地数据库时，由系统程序自动检索其相应的地质单元编码，并录入到数据库中。其他实例中的"盆地/构造单元"数据项均填写与实例 1"盆地编码"相同的内容，必须保证完全一致，导入数据库时自动匹配，实现数据库关系模型的建立。

上述的盆地数据库 Excel 模板导入的具体操作同常规油气刻度区数据库录入方法的 Excel 模板数据导入部分，在此不再赘述。

手工数据录入的具体操作同常规油气刻度区数据库录入方法的手工数据录入部分，在此不再赘述。

三、区带评价数据资源建设

区带评价数据库建设包含两种数据录入方法：Excel 数据批量导入、手工数据录入。

按照区带数据库的物理逻辑关系模型，以辽河油田区带数据为例，建立如表 8-29 至表 8-40 所示的区带数据库 Excel 模板，模板表的每行对应一个区带的数据，由字段"区带编码""盆地/构造单元""评价轮次"唯一标识；每列对应该区带的各个数据参数。要求各个区带数据表之间建立完整、准确的生、储、盖关系，为下一步创建评价单元，建立成藏组合打好基础。

填写规定如下：

（1）在每个 Excel 数据模板中用红色字表示的，是主要的地质基础数据及类比研究参数；用蓝色字表示的，是资源评价方法采用的数据；用黑色字表示的，是次相关的地质研究数据。

（2）表 8-29 中"区带编码"的编写规范在前面已经详细说明；"盆地/构造单元"填写系统"盆地编码"库中的中文名称，在导入区带数据库时，由系统程序自动检索其相应的地质单元编码，并录入到数据库中。其他实例中的"区带编码"数据项均填写与实例 1"区带名称"相同的内容，必须保证完全一致，导入数据库时自动匹配，实现数据库关系模型的建立。

上述区带数据库 Excel 模板导入的具体操作同常规油气刻度区数据库录入方法的 Excel 模板数据导入部分，在此不再赘述。

手工数据录入的具体操作同常规油气刻度区数据库录入方法的手工数据录入部分，在此不再赘述。

表8-29　区带基础信息实例1

区带编码	区带所属一级/二级构造单元名称	评价轮次	区带名称	区带面积（km²）	所属构造单元	区带顺序号	地质层位	地震层位	勘探类型	地质类型	海陆标识	中心位置（纬度）	中心位置（经度）
13000001	回陷	4	构造带	165	某盆地某坳陷某回陷	1	古近系、元古宇、太古宇		开发阶段	断裂背斜型	陆相		
13000002	回陷	4	构造带	291	某盆地某坳陷某回陷	2	古近系、太古宇		开发阶段	缓坡型	陆相		

区带编码	地质时代（顶界）	地质时代（底界）	区带体积（km²）	最大埋深（m）	烃类型	累计探井进尺（km）	地温梯度（℃/100m）最小	最大	平均	勘探程度	盆地热史	地理环境
13000001	古近纪	太古宙	1089	6600	油和气	552.79816	2.9	3.3	3.1	高	高温退火	平原
13000002	古近纪	太古宙	1920.6	6600	油和气	319.79082	2.9	3.3	3.1	中	高温退火	平原

表8-30　区带烃源岩信息实例2

烃源岩编码	区带编码	评价轮次	地层名称	主要生烃高峰时代	主要运移高峰时代（Ma）	烃源岩岩石类型（主要）	烃源岩岩石类型（次要）	烃源岩层位年龄（顶界Ma）	烃源岩层位年龄（底界Ma）	有效烃源岩面积（km²）	烃源岩厚度（m）最大	平均	最小	供烃面积系数（%）	主要沉积相	沉积亚相
1	13000001	4	Es_4^2、Es_4^1	东二段沉积期期末	28	油质岩		25		130.3761		600		0.89	浅湖相	浅湖相
2	13000002	4	Es_4^2、Es_4^1、Es_3^4	东二段沉积期期末	28	油质岩		25		131.5262		1100		0.45	浅湖相	浅湖相

烃源岩编码	区带编码	主要生烃高峰时代	主要运移高峰时代（Ma）	供烃方式	供烃面积系数	平均运移距离（km）	输导类型	运移方式（网状、侧向、垂向、线形）	总烃含量（%）最大	平均	最小	残余有机碳含量（%）最大	平均	最小	有机质类型（主要）	有机质类型（次要）	烃源岩埋深（m）	主要有机质丰度（g/km³）最大	平均	最小	成熟度（%）平均	最小
1	13000001	东二段沉积期期末	28	汇聚流供烃	0.89	2.5	断层、储层、不整合面	网状、侧向、垂向					9		I	II_1	3000				0.7	
2	13000002	东二段沉积期期末	28	平行、半汇聚流供烃	0.45	5.5	断层、储层	侧向、垂向					6		II_1	II_2、III	4400				1.2	

表 8-31 区带烃源岩生排烃信息实例 3

地层名称	区带名称	评价轮次	生烃强度 ($10^4 t/km^2$) 最大	平均	最小	生油强度 ($10^4 t/km^2$) 最大	平均	最小	生气强度 ($10^8 m^3/km^2$) 最大	平均	最小	总生油量 ($10^4 t$) 最大	平均	最小
Es_4^2，Es_4^1，Es_3^4	13000001	4		1763.424651			1380.47			38.2950017			202722.7	
Es_4^2，Es_4^1，Es_3^4	13000002	4		1884.937304			1312.53			57.2407331			171875.8	

地层名称	总生气量 ($10^8 m^3$) 最大	平均	最小	总生烃量 ($10^4 t$) 最大	平均	最小	总排烃量 ($10^4 t$) 最大	平均	最小	总排油量 ($10^4 t$) 最大	平均	最小	总排气量 ($10^8 m^3$) 最大	平均	最小
Es_4^2，Es_4^1，Es_3^4		5623.621			258958.91			158000			134900			2310	
Es_4^2，Es_4^1，Es_3^4		7495.674			246832.54			73400			60400			1300	

表 8-32 区带储层信息实例 4

储层单元编码	区带名称（编码）	评价轮次	储层对应烃源岩地层	孔隙度 (%) 最大	平均	最小	渗透率 (mD) 最大	平均	最小	中值喉道半径 (μm) 最大	平均	最小	储层年龄 顶界 (Ma)	底界 (Ma)	地层代码	岩石类型 主要	次要	砂岩百分比 (%) 最大	平均	最小
1	13000001	4	Es_4^2，Es_4^1，Es_3^4	30	17	8.5	1245	700	5				38	3800	沙三段、沙四段、元古宇、太古宇	砂岩、砂砾岩、盐岩、石英岩、碳酸盐岩、变质岩			45	
2	13000002	4	Es_4^2，Es_4^1，Es_3^4	20	18	14	1000	750	100				38	3800	沙三段、沙四段、太古宇	砂岩、变质岩			30	

储层单元编码	埋深 (m) 最大	平均	最小	主要沉积相	沉积亚相类型	储集空间类型	孔隙结构类型	成岩阶段	单层平均厚度 (m)	储层面积 (km²) 最大	平均	最小	储层厚度 (m) 最大	平均	最小
1	3800	3000	1100	扇三角洲相、河流相		原生孔隙、裂缝等	粒间孔、构造裂缝等	晚成岩 A			132			1400	
2	3500	2400	1000	扇三角洲相、河流相		原生孔隙、裂缝等	粒间孔、构造裂缝等	早成岩 B			131			1100	

表 8-33 区带盖层信息实例 5

盖层单元编码	区带编码	评价轮次	盖层位置	盖层年龄(Ma) 顶界	盖层年龄(Ma) 底界	地层代码	盖层类型	主要岩石类型	盖层面积(km²) 最大	盖层面积(km²) 最小	盖层面积(km²) 平均	盖层厚度(m) 最大	盖层厚度(m) 最小	盖层厚度(m) 平均	区域盖层平均排替压力(MPa)	盖层面积系数(%)
1	13000001	4		38.8	45.9	Es_4^2，Es_4^1，Es_3^4，Es_3^3	区块型	油页岩、泥岩			165			600	7.54	100
2	13000002	4		38.8	45.9	Es_4^2，Es_4^1，Es_3^4，Es_3^3	区域型	油页岩、泥岩			276			800	7.54	95

表 8-34 区带圈闭条件信息实例 6

区带编码	评价轮次	平均圈闭幅度(m)	平均圈闭面积(km²)	主要圈闭类型	次要圈闭类型	控制圈闭个数	圈闭成功率(%)	圈闭面积系数	圈闭可能总数	探明圈闭个数	探明圈闭含油面积(km²)	探明圈闭闭面积(km²)	未开发圈闭个数	预测含油面积(km²)	预测圈闭个数	预测圈闭闭面积(km²)	最大圈闭闭面积(km²)	钻探圈闭个数	主要圈闭形成时间(Ma)
13000001	4	1300	132	构造、地层、岩性				0.8											
13000002	4	1100	131	构造、地层、岩性				0.45											

表 8-35 区带保存条件信息实例 7

区带编码	评价轮次	地层	地层剥蚀总厚度(m)	水动力条件	水化学条件	地层水水型	地层水总矿化度(mg/L)	断裂破坏程度	盖层以上不整合数	目的层剥蚀面积(km²)	烃源岩剥蚀面积(km²)
13000001	4	Es_4^2，Es_4^1，Es_3^4，Es_3^3	300	弱	弱	$NaHCO_3$	4400	弱	1	0	0
13000002	4	Es_4^2，Es_4^1，Es_3^4，Es_3^3	300	弱	弱	$NaHCO_3$	3500	弱	1	0	0

表 8-36 区带配置条件实例 8

区带编码	评价轮次	区带形成期与生烃高峰时间的匹配	生储配置	成藏期次（期）	沉积旋回数	生储盖组合数
13000001	4	早	自生自储，上生下储，下生上储	2	3	3
13000002	4	早	自生自储，上生下储，下生上储	2	3	3

表 8-37 区带勘探历程／工作量信息实例 9

当年工作量

区带名称（编码）	评价轮次	勘探年度	当年二维地震长度（km）	当年三维地震面积（km²）	当年探井成功率（%）	当年探井进尺（km）	当年勘探投资（万元）	当年油新增地质储量（10⁴t）	当年溶解气新增地质储量（10⁸m³）	当年气层新增地质储量（10⁸m³）	当年气新增地质储量（10⁸m³）	当年油新增可采储量（10⁴t）	当年溶解气新增可采储量（10⁸m³）	当年气层气新增可采储量（10⁸m³）	当年气新增可采储量（10⁸m³）	当年探井数
13000001	4	1971				2.79					0				0	1
13000002	4	1972				0.00					0				0	

累计工作量

区带名称（编码）	累计探井进尺（km）	累计探井数	累计油地质储量（10⁴t）	累计溶解气地质储量（10⁸m³）	累计气层气地质储量（10⁸m³）	累计气地质储量（10⁸m³）	累计油可采储量（10⁴t）	累计溶解气可采储量（10⁸m³）	累计气层气可采储量（10⁸m³）	累计气可采储量（10⁸m³）	累计二维地震长度（km）	累计三维地震面积（km²）	累计勘探投资（万元）	总探井成功率（%）
13000001	2.79	1	0	0	0	0	0	0	0	0				
13000002	2.79	1	0	0	0	0	0	0	0	0				

表 8-38 区带勘探成果实例 10

区带编码	评价轮次	统计年度	含油气面积（km^2）探明	控制	预测	天然气储量（10^8m^3）探明可采	控制可采	预测	预测可采
13000001	4	2012年底	85.4		0	27.57	15.34	0	0
13000002	4	2012年底	71.07			31.95	4.21	12.11	3.96

区带编码	石油储量（10^4t）探明	探明可采	控制	控制可采	预测	预测可采	发现油气流个数	发现油气流圈闭面积（km^2）	预测含油气面积（km^2）	圈闭个数 已知	钻探	圈闭成功率（%）	累计年数
13000001	21074.58	4987.33	0	0	0	0	77						1974—2012
13000002	6181	1332.46	2594	526.7	887	163.1	34						1974—2010

表 8-39 区带评价系数实例 11

区带编码	评价轮次	烃运聚系数（%）最大	平均	最小	石油运聚系数（%）最大	平均	最小	天然气运聚系数（%）最大	平均	最小
13000001	4		11.14		20.00	13.60		32.28	2.29	
13000002	4		6.69		19.06	8.70		44.96	2.08	

区带编码	烃排聚系数（%）最大	平均	最小	石油排聚系数（%）最大	平均	最小	天然气排聚系数（%）最大	平均	最小
13000001		5.58			18.26			20.44	
13000002		11.99			22.49			24.76	

表 8-40 区带油藏信息实例 12

油气藏名称	油气藏类型	发现时间	油气藏地质储量（10^4t）	油气藏可采储量（10^4t）	油气藏气地质储量（10^8m^3）	油气藏气可采储量（10^8m^3）	油气藏凝析油地质储量（10^4t）	油气藏凝析油可采储量（10^4t）	代表井	储量级别	地层
13000001		1993.12	3292	893						探明	Pt（d-g）
13000002		1984.12	2984	578						探明	Ar

四、非常规评价区数据资源建设

非常规评价区数据库包括致密油、致密砂岩气、页岩气、煤层气、油砂。以致密油、致密砂岩气为例，Excel 模板如表 8-41 至表 8-45 所示。

数据库 Excel 模板导入的具体操作同常规油气刻度区数据库录入方法的 Excel 模板数据导入部分，在此不再赘述。

手工数据录入的具体操作同常规油气刻度区数据库录入方法的手工数据录入部分，在此不再赘述。

五、评价单元数据资源建设

创建评价单元数据库是支持常规与非常规油气资源评价、支持油气资源动态评价的重要环节。

基于以上创建的数据资源，采用动态组合和抽提基础数据的模式创建评价单元数据，实现地质评价人员实时、交互地进行评价目标的生储盖组合，并提取相应的评价基础数据和参数。

表 8-46 是第四次资源评价的数据库关系模型的总体依据，在此基础上进行各类数据的关系模型的建立。下面简要说明第四次资源评价的两层数据库的相互关系及其工作流程。

（1）常规油气评价单元沿用第三次资源评价的评价技术规范、含油气系统构造单元划分标准，其相应的评价对象为盆地/构造单元、区带/区块、圈闭三个构造级别的评价单元，当以盆地/构造单元为研究对象时，建立其盆地级静态基础数据库，然后动态生成其相应的盆地级评价单元数据库，为实现盆地动态评价提供数据基础；当以层系或构造区划为单元，以区带或圈闭为研究对象时，建立其区带或圈闭级静态基础数据库，然后动态生成其相应的区带或圈闭级评价单元数据库，为实现区带或圈闭滚动评价提供数据支持。

（2）非常规油气计算单元其相应的地质评价对象为评价区，如表 8-46 所示，当以某非常规评价区为研究对象时，建立该评价区静态基础数据库，为实现该评价区滚动评价提供数据支持，生成其相应的评价单元数据库。

评价专题管理模块包括新建评价单元、管理评价单元、编辑评价单元、批量导入导出等，如图 8-21 至图 8-28 所示。

表8-41 致密油、致密砂岩气评价区基础信息表

评价区编码	评价轮次	评价区名称	评价区类型	评价区类别	PDBM 评价区所属上级构造单元名称（按项目组规定的盆地等构造单元命名规范）	含矿区名称	评价区面积（km²）（结合物性、沉积相、构造等圈定）	面积比（%） A类区	B类区	C类区	钻探成功率（%） A类区	B类区	C类区
13000001	4	某凹陷北段碳酸盐岩	致密油	地表型	某凹陷		401	30	30	40	75	40	30
13000002	4	某凹陷双合子致密砂岩	致密油	地表型	某凹陷		60	30	30	40	75	50	30

评价区编码	地理位置	地表条件（有工业开发基础条件）	构造位置	发现年份	发现井	勘探工作量 探井数	探井进尺（10⁴m）	二维地震长度（km）	三维地震面积（km²）	地质构造类型	勘探程度编码[高（晚期）、中、低（早—中期）或未勘探] 勘探程度	评价单位	创建时间
13000001		平原	凹陷斜坡	2012	雷88	12	3.2	4127	1000	斜坡	早—中期		2015.09.15
13000002		平原	凹中凸	2013	双213	6	2.57	320	100	凹中凸	早—中期		2015.09.15

表8-42 致密油、致密砂岩气评价区油气藏特征信息表

评价区名称	评价轮次	油气藏编码	油气藏名称	所属矿区/油田	地层单元	油气藏类型	油气层中部埋深（m）			油气层中部海拔（m）	体积系数（地层条件下单位体积原油与地面标准条件下脱气后原油体积的比值）	原油		天然气密度（g/cm³）	含气量（%）		
							最大	平均	最小			密度（t/m³）	黏度（50℃）（mPa·s）		最大	平均	最小
某凹陷北段碳酸盐岩	4	13000001	雷88块	高升油田	沙四段杜家台油层	连续型裂缝油藏	3000	2400	1800	-2394	1.174	0.904	8.9				
某凹陷双台子致密砂岩	4	13000002	待定1		沙三段	孔隙型	3800	3600	3400	-3594	1.235	0.806	1.02				

评价区名称	等温吸附气量			甲烷含量（%）			CO_2含量（%）			油气藏温度（℃）	地层压力（MPa）	压力系数	含油气饱和度（%）			气油比（m³/m³）	油气藏		单井平均产量（t/d）	单井平均EUR（10^4t）		可采系数（%）
	40℃	60℃	80℃	最大	平均	最小	最大	平均	最小				最大	平均	最小		发现时间	开发时间		垂直井	水平井	
某凹陷北段碳酸盐岩										83.7	26.1	0.93		61.7		59	2012		5			8
某凹陷双台子致密砂岩																45	2014		7			12

表8-43 致密油、致密砂岩气评价区储集条件信息表

评价区名称	评价轮次	油气藏名称	地层单元	沉积背景	沉积相类型	沉积亚相类型	岩石类型	埋深（m）			储层厚度（m）			平均单层厚度（m）	孔隙类型	孔隙度（%）		
								最大	最小	平均	最大	最小（根据单层厚度累计）	平均			最大	最小	平均
某凹陷北段碳酸盐岩	4	13000001	沙四段杜家台油层		湖相	云坪	碳酸盐岩			2400	2	250	50		粒间+裂缝	20.72	4.58	11.91
某凹陷双台子致密砂岩	4	13000002	沙河街组三段		湖相	浅湖—半深湖	砂岩、砾岩、粉砂岩			3800			30.25		粒间			8.24

评价区名称	渗透率（mD）			胶结作用	胶结物含量（%）	黏土矿物含量（%）	成岩阶段	A类区储层厚度（m）			B类区储层厚度（m）			C类区储层厚度（m）			A类区孔隙度（%）			B类区孔隙度（%）			C类区孔隙度（%）		
	最大	最小	平均					最大	最小	平均	最大	最小	平均	最大	最小	平均	最大	最小	平均	最大	最小	平均	最大	最小	平均
某凹陷北段碳酸盐岩	32	0.04	0.94	钙质	43	6.6	中—晚期	200	50	120	50	20	30	20	2	10	20.72	4.58	11.91	20.72	4.58	11.91	20.7	4.58	11.9
某凹陷双台子致密砂岩			0.33	钙质	9	10	中—晚期	0	0	0	0	0	0	0	0	0	0	0	8.24	0	0	0	0	0	0

表 8-44 致密油、致密砂岩气评价区烃源条件信息表

评价区名称	评价轮次	油气藏名称	地层单元	有机质类型	烃源岩面积(km²)			A类区烃源岩厚度(m)			B类区烃源岩厚度(m)			C类区烃源岩厚度(m)			A类区有机质丰度TOC(%)			B类区有机质丰度TOC(%)			C类区有机质丰度TOC(%)		
					最大	最小	平均	最大	最小	平均	最大	最小	平均	最大	最小	平均	最大	最小	平均	最大	最小	平均	最大	最小	平均
某凹陷北段碳酸盐岩	4	雷88块	沙四段杜家台油层	I—II₁型	500	500	500	300	70	150	120	20	70	50	10	30	8	3	5	5	3	4	4	2	3
某凹陷双台子致密砂岩	4	待定1	沙河街组三段	II₁—II₂型	300	300	270	0	0	0	0	0	0	0	0	0	3	1	1.53	0	0	0	0	0	0

评价区名称	A类区成熟度(%)			B类区成熟度(%)			C类区成熟度(%)			S₁+S₂生烃潜量(%)	烃源岩岩性	TOC>1.0%厚度(m)			TOC>2.0%厚度(m)			R₀>1.0%面积(km²)			R₀>2.0%面积(km²)			氢指数HI(mg/g)	生排烃高峰期(Ma)	成藏关键时刻(Ma)
	最大	最小	平均	最大	最小	平均	最大	最小	平均			最大	最小	平均	最大	最小	平均	最大	最小	平均	最大	最小	平均			
某凹陷北段碳酸盐岩	0.8	0.6	0.7	0.6	0.3	0.45	0.6	0.3	0.45	20	油页岩	300	20	120	300	20	120							550	30	26
某凹陷双台子致密砂岩	1.3	0.9	0.65	0	0	0	0	0	0	0	泥岩														30	26

表 8-45 致密油、致密砂岩气评价区保存条件信息表

评价区名称	评价轮次	油气藏名称	地层单元	封隔层类型	封隔层岩性	封隔层面积(km²)			封隔层厚度(m)			断裂发育强度	构造活动强度(弱、较弱、较强、强)
						最大	最小	平均	最大封隔层厚度	最小封隔层厚度	平均封隔层厚度		
某凹陷北段碳酸盐岩	4	雷88块	沙四段杜家台油层	区域性	泥岩	500	500	500	120	20	60	较弱	较弱
某凹陷双台子致密砂岩	4	待定1	沙河街组三段	区域性	泥岩	300	300	300	75	25	50		较弱

表 8-46 数据库评价专题及评价对象关系表

数据库分类	评价专题类别	地质研究评价对象	构造级别	层系区划	数据表	数据字段
静态评价基础数据图形库	常规油气	盆地/构造单元	盆地	分层系	12	525
		区带	区带	分层系	18	386
		圈闭	圈闭	分层系	3	109
	非常规油气	煤层气评价区		分层系	54	902
		油砂评价区				
		油页岩评价区				
		致密油评价区				
		致密砂岩气评价区				
		页岩气评价区				
		天然气水合物评价区				
		刻度区		分层系	47	841
		文档			2	39
		图件			10	111
评价单元数据库	常规、非常规评价单元	盆地级评价单元	盆地	分层系	63	1308
		区带级评价单元	区带			
		圈闭级评价单元	圈闭			
		非常规评价单元		分层系		
合计					209	4221

1. 新建评价单元

依据表 8-46，新建常规、非常规资源评价对象的评价单元。如图 8-21 所示，新建渤海湾盆地辽河坳陷大民屯凹陷的荣胜堡评价单元。

图 8-21 新建评价单元页面

2. 管理评价单元

管理评价单元包括完善评价单元基础数据、评价参数，以及查看评价结果等功能，如图 8-22 所示，选择荣胜堡评价单元，点击红框内的"基础数据"功能按钮，进行评价单元的数据编辑。

评价专题

新建评价单元	编辑	批量删除

评价单元名称： 　　　　　评价单元类型： 常规油气 ▼ 查询

选择	评价单元名称	评价单元级别	评价单元类别	评价单元类型	含矿区名称	盆地名称	坳陷名称	凹陷名称	评价区名称	评价单位	管理
☐	静安堡构造带评价单元	盆地	常规油	常规油气	11	勃海湾盆地	辽河坳陷			辽河油田分公司	基础数据 方法参数 评价结果
☐	静安堡古潜山评价单元	区带	常规油	常规油气		勃海湾盆地	辽河坳陷	大民屯凹陷		辽河油田分公司	基础数据 方法参数 评价结果
☐	静安堡构造带评价单元	盆地	常规油	常规油气	11	勃海湾盆地	辽河坳陷			辽河油田分公司	基础数据 方法参数 评价结果
☐	静安堡构造带评价单元	盆地	常规油	常规油气	11	勃海湾盆地	辽河坳陷			辽河油田分公司	基础数据 方法参数 评价结果
☑	荣胜堡评价单元	区带	常规油	常规油气		勃海湾盆地	辽河坳陷	大民屯凹陷		辽河油田分公司	基础数据 方法参数 评价结果
☐	大民屯凹陷评价单元	盆地	常规油	常规油气		勃海湾盆地	辽河坳陷	大民屯凹陷		辽河油田分公司	基础数据 方法参数 评价结果

图 8-22　评价单元管理页面

3. 编辑评价单元数据

基于基础数据库，与相同或所属关系的地质评价目标建立业务逻辑关系，并列出已经建立的烃源层、储层、盖层数据供研究人员选择、组合（图 8-23—图 8-25）。

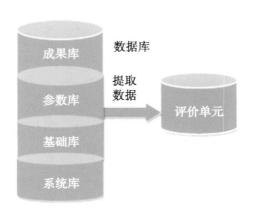

图 8-23　评价单元提取数据逻辑关系

提取相应的评价基础数据、成藏组合数据和评价参数数据等到当前的评价单元数据中（图 8-26—图 8-27），评价人员在此基础上，作进一步的修改。

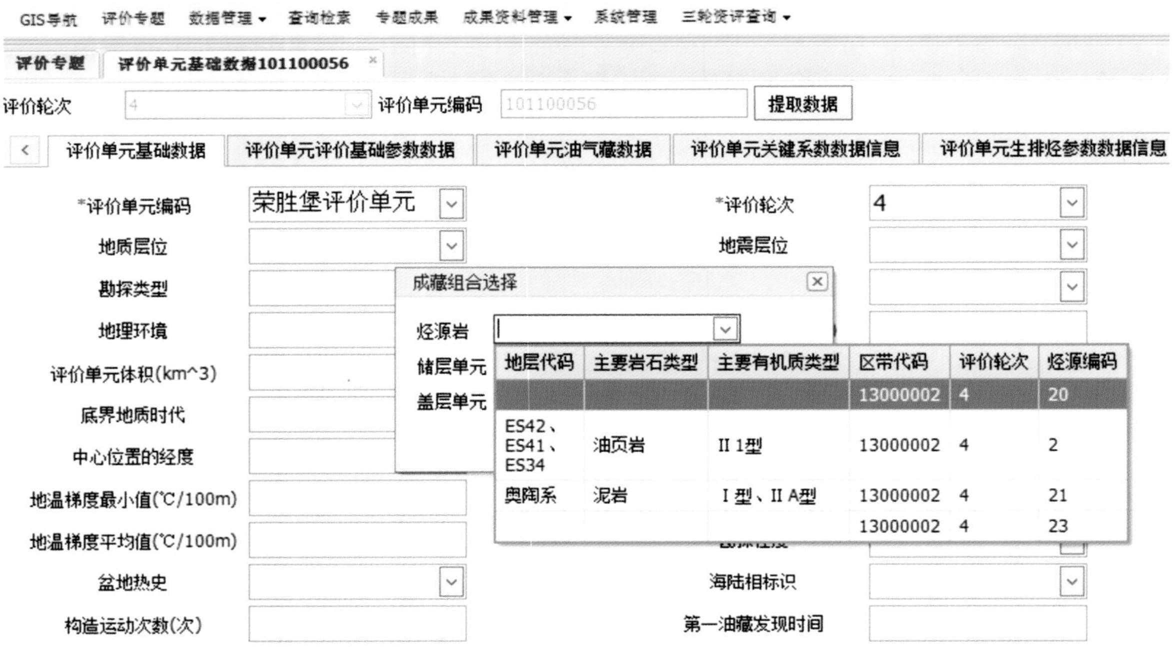

图 8-24　评价单元提取数据

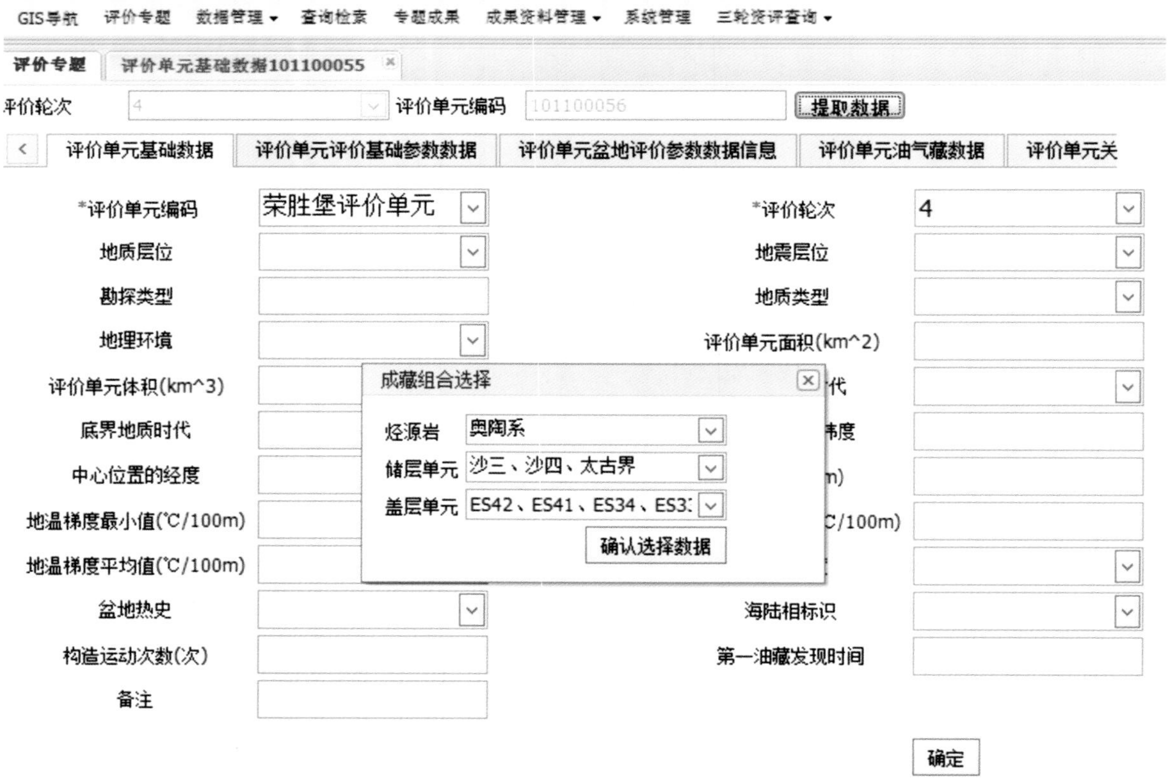

图 8-25　评价单元选择成藏组合

图 8-26　评价单元基础数据提取成功

图 8-27　评价单元评价基础参数数据提取成功

4. 批量导入导出

该模块建立与资源评价方法软件的数据接口（图 8-28），支持常规与非常规油气资源评价、支持油气资源动态评价。

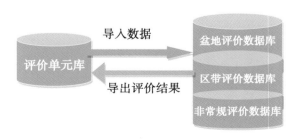

图 8-28　批量数据导入导出

参 考 文 献

常思思，汪新庆，过剑，等．2010. 矿产资源潜力评价中定性数据标准化检查．物探化探计算技术，32（3）：320-324.

陈永清，汪新庆，陈建国，等．2007. 基于GIS的矿产资源综合定量评价．地质通报，26（2）：141-149.

郭秋麟，陈宁生，刘成林，等．2015. 油气资源评价方法研究进展与新一代评价软件系统．石油学报，6（10）：1305-1314.

郭秋麟，谢红兵，黄旭楠，等．2016. 油气资源评价方法体系与应用．北京：石油工业出版社．

郭秋麟，周长迁，陈宁生，等．2011. 非常规油气资源评价方法研究．岩性油气藏，23（4）：12-19.

国土资源部油气资源战略研究中心编著．2009. 全国油气资源评价系统建设．北京：中国大地出版社．

胡素云，柳广第，李剑，等．2005. 区带地质评价参数体系与参数分级标准．石油学报，26（B03）：73-76.

胡素云，田克勤，柳广弟，等．2005. 刻度区解剖方法与油气资源评价关键参数研究．石油学报，26（B03）：49-54.

刘福魁，马莉，蔡青．2013. 矿产资源潜力评价成果图空间数据库中属性数据质量检查探讨．山东国土资源，29（1）：31-34.

邱振，邹才能，李建忠，等．2013. 非常规油气资源评价进展与未来展望．天然气地球科学，24（2）：238-246.

宋利好，吴信才，罗忠文．1998. 基于GIS图形数据库的油气资源评价．地球科学：中国地质大学学报，23（4）：365-368.

汪新庆，冯磊．2013. 基于数据字典的MapGIS属性数据逻辑检查——以全国矿产资源潜力评价基础成果数据检查为例．地质学刊，37（3）：478-481.

张宝一，毛先成，周尚国，等．2009. 矿产资源预测评价数据库的设计与实现——以桂西—滇东南锰矿为例．地质与勘探，45（6）：697-703.